すごく危険(きけん)な毒(どく)せいぶつ図鑑(ずかん)

西海太介 監修

世界文化社

はじめに

生き物って、本当にオモシロイ！ その中でも、毒を持った危険生物は、また奥が深い生き物です。長い長い進化の歴史の中で、「毒を持つ」という生き残り戦略を手に入れた生物たちは、ある意味で、とても賢い技術を身につけた強者です！ そんな危険生物たちと上手くつき合う方法は、「彼らの気持ちになって考えてみる」こと。

「彼らの暮らしはどうなっているのかな？」
「今どんな気持ちでそこにいるのかな？」

そんなことを考えていくと、彼らが「怒るとき」や、「いる場所」、いろいろなことがわかってきます。ハチが野菜の花粉を運んでくれたり……毒草が薬になったり……人の役に立っている時だってあります。彼らのことを学んでいけば、みんなはもっと上手に危険生物とつき合っていけるはず！

この本では日本の危険生物102種を紹介！彼らのことを正しく学んで、危険生物をマスターしてみましょう！

セルズ環境教育デザイン研究所　西海太介

Introductio

NTS CONTENTS CONTENTS CONTENTS

もくじ CONTENTS

■ 深緑色の字は植物を表す

CONTENTS

第1章

住宅地で遭遇する猛毒生物

自分や家族、友達が住む家のある場所は、毒を持っている生物がいるはずない。そう思っているなら、大まちがい。実は住宅地にも、毒を持ったこわ〜い生物が生息しているのだ！

KEEP OUT KEEP OUT

スズメバチ界最上級の攻撃性

キイロスズメバチ

遭遇しても振り払うな！

データ

名前	キイロスズメバチ
種族	昆虫
体長	女王バチは26㎜ 働きバチは20㎜
生息地	本州、中国、九州

危険度

毒の強さ

遭遇率

都市部で増えていると言われる攻撃性が高いスズメバチの仲間。小型の昆虫を狩る他、樹液、果物、飲み残しのジュースにも飛んでくる。家に巣を作ることも多いので、住宅地でも注意が必要だ。

黄色と黒のしま模様の体が特徴のキイロスズメバチ。全体が濃い黄色の毛でおおわれ、腹部に毒針を持っている。木の枝、屋根の下などに巣を作り、その大きさは1m近くになることもある。家の周りや街中で見かけることがあるかもしれないが、決して近づいてはならない。攻撃性が高く、巣のまわりでウロウロしていてもおそわれることがあるぞ。万が一、近寄ってきた場合も乱暴に追い払ったりせずに、ゆっくりとその場をはなれよう。刺されると激痛とともに皮ふが赤くはれ上がり、ひどい場合は重いアレルギー症状を引き起こし、呼吸困難を起こすなどして、死に至ることもある。1年でもっとも数が増える8月～10月は要注意だ。

対処法

もしも刺されたら

巣を刺激して集団でねらわれると、次から次におそわれるため、まずは巣からはなれよう。冷水で傷口をしぼり洗いし、保冷剤などで冷やすようにしよう。心配なら病院でかならずみてもらおう。呼吸の乱れや意識に問題がある場合はすぐに救急車を呼ぶこと。

QUIZ クイズ

Q.キイロスズメバチの巣には多い時で何匹の働きバチが住んでいる？
①100匹以上 ②500匹以上
③1000匹以上

こたえは次のページ

日本の毛虫界最強の激痛!?

イラガ

全身の毒のトゲで激痛を走らせる

名前 なまえ	イラガ	種族 しゅぞく	昆虫	体長 たいちょう	幼虫は25㎜
生息地 せいそくち	日本全国				

こたえ ③1000匹以上

危険度

毒の強さ

遭遇率 

毒を持つ幼虫は、7月〜10月に出現する。学校や公園など身近なところにあるサクラやカキ、ウメの木にいる可能性があるので、そばに行くときは要注意だ！ちなみにイラガの成虫とマユに毒はない。

アオイラガ、アカイラガ、ヒメクロイラガなどのイラガは、種類により色や模様はちがうが、どれもサボテンのようなトゲを持っているのが特徴。太くて短い体は、腹部がぴったりと葉にくっつくようにできている。あちこちから生えているツノのようなものには、見るからに危険なトゲがびっしり！　トゲが皮ふに刺さると体に電流を走らせたかのような激痛におそわれる。しかし、重症になるような毒ではなく数時間〜２日で消える。朝〜夕方にかけて活発になるので、イラガの好物の植木に近寄る場合は注意しよう。幼虫で攻撃性はなくても、葉のうら側にひそんでいることがあるため気づかずにさわってしまう危険があるのだ。

対処法

もしも刺されたら

刺された時の痛さは日本にいる毛虫の中で最強といわれる。体に電気が走るような激痛がおそい赤くはれるが、普通は数時間〜２日で落ちつく。氷などで冷やすと効果的だ。皮ふに小さなトゲが刺さっているので、粘着テープを使って取りのぞこう。もし症状がおさまらない時は病院へ行くこと。

QUIZ クイズ

Q.イラガの幼虫のニックネームは？

①カミナリムシ
②デンリュウムシ
③デンキムシ

こたえは次のページ

KEEP OUT　KEEP OUT

KEEP OUT KEEP OUT KEEP OUT

おとなしい性質だが油断は禁物！

コガタスズメバチ

迫り来る敵には猛反撃を即開始！

データ

名前	コガタスズメバチ	種族	昆虫	体長	女王バチは27㎜ 働きバチは24㎜
生息地	日本全国				

こたえ ③デンキムシ

居住地
公園・都市緑地
山
水中
沖縄

危険度

毒の強さ

遭遇率

都市部にも多く生息し、庭木や屋根の下など人が生活する身近な場所に巣を作ることがある。スズメバチの仲間としてはおとなしい性質だが油断してはならない。巣を見つけても近寄らないようにしよう。

コガタスズメバチは、世界最大のスズメバチであるオオスズメバチに似た体つきをしている。しかし、その名の通り少し小型で、体が小さめだ。エサは小さな昆虫などで、蜜をなめるために花や樹液に集まることもある。住宅地などでも生息していることがあるため、日常的に出会う可能性があるぞ。性質はおとなしく、刺激を与えない限りおそわれる心配はない。しかし、庭木や屋根の下など家の周囲に巣を作る場合もあるので注意しよう。巣をゆらすと、毒針で攻撃を仕かけてくるので要注意！　一度攻撃的になると、他のスズメバチと同じように集団でおそってくる。刺されると激痛とともに傷口がはれ上がる他、人によっては死に至ることもあるぞ。

対処法

もしも刺されたら

刺激しなければおそわれる心配はないので、万が一、家の周辺や街中で巣を見つけても、絶対に刺激してはならない。巣を刺激してしまったら、ただちにその場からはなれること。刺された場合、水で洗いながら傷口をしぼり洗い。心配なら病院へ行くように。

QUIZ クイズ

Q.コガタスズメバチの初期の巣はどんな形をしている？

①ひょうたん型

②とっくり型

③三日月型

こたえは次のページ

KEEP OUT KEEP OUT

日本脳炎などを運ぶ危険生物！

ヤマトヤブカ

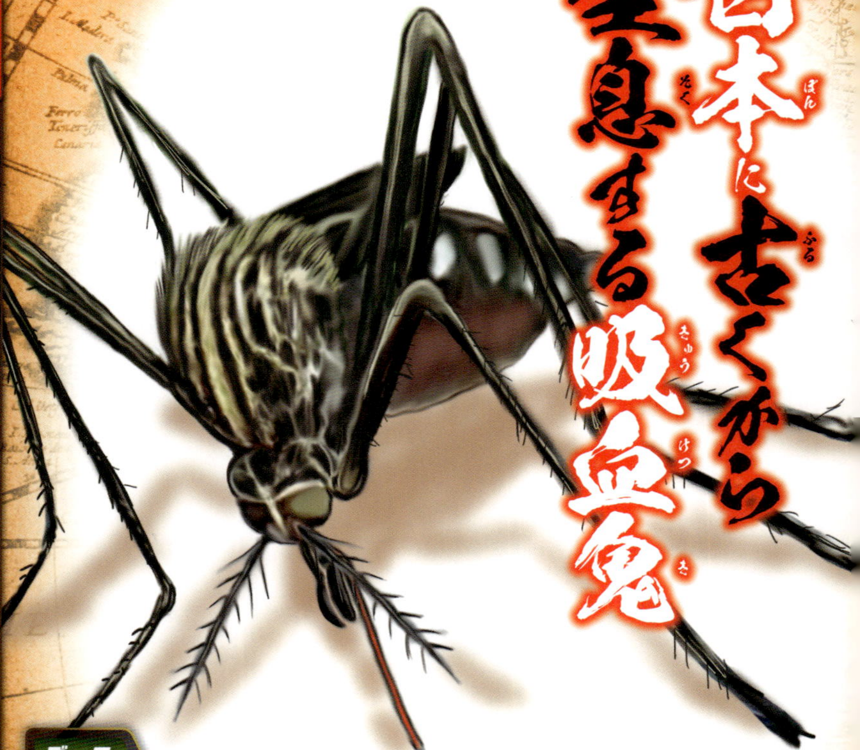

日本に古くから生息する吸血鬼

データ

名前 なまえ	ヤマトヤブカ	種族 しゅぞく	昆虫	体長 たいちょう	6㎜
生息地 せいそくち	日本全国				

こたえ ②とっくり型

危険度

毒の強さ ☠

遭遇率 ☠☠☠☠☠

黒や灰色の体の背中に黄茶色のたてじま模様、腹部に白い模様が並んでいるのが特徴。街中よりも野山に多く生息し、夏の昼間にもっとも活動が活発になる。ヒトスジシマカと比べるとあまり人を吸血しない。

ヤマトヤブカは日本に古くから生息する在来種だ。日本脳炎やウエストナイル熱といった病気を媒介する可能性があるとされており、こわい一面を持っている。街中にはあまり出ず、野山などの自然が多いエリアに出ることが多い。幼虫（ボウフラ）は28ページのヒトスジシマカと同じように、捨てられたタイヤなどの水たまりで発生して増える。ベランダに雨水がたまった植木ばちなどがあると、そこが発生源になってしまうので要注意だ。ちなみに、カが人に近づいてくる原因は、動き、ニオイ、色、熱などと言われている。ある研究によると、子どもより大人が刺されやすかったり、汗をかきやすい人が刺されやすかったりするようだ。

対処法

もしも刺されたら

刺されると激しいかゆみが出てくるが、多くの場合は数時間でおさまる。ただ、病原体を持つカに血を吸われた場合は、病気をうつされる可能性があるので要注意だ。カが出そうな場所に行くときは長そでを着たり、虫よけスプレーを使う予防が大切だ。

QUIZ クイズ

Q. 成虫になったヤブカの寿命はどれぐらい？
①約1週間　②約1カ月
③約3カ月

こたえは次のページ

家の軒下に住みつくことも!?

セグロアシナガバチ

居住地
公園・都市緑地
山
水中
沖縄

データ

名前	セグロアシナガバチ
種族	昆虫
体長	女王バチは24mm 働きバチは16〜22mm
生息地	北海道をのぞく日本全国

こたえ ②約1カ月

危険度

毒の強さ 4/5

遭遇率

アシナガバチの仲間の中でも特に大型な種類で、黒い体に濃いオレンジ色の模様があるのが特徴。フタモンアシナガバチと同じくチョウやガの幼虫を好み、それを狩って巣に持ち帰り、幼虫に与えている。

街中や家の周りでも現れることの多いアシナガバチの仲間。屋根の下や木の枝などに灰色で円型の巣を作る。攻撃性はアシナガバチの中ではやや高めで、当然、巣を刺激してしまえば集団でおそってくる。絶対にいたずらなことをしてはならない。秋から冬にかけて、巣とは別の場所に集団が集まってくることがあるが、この時は攻撃的ではないので、むやみにこわがる必要はない。彼ら肉食性のハチの仲間は、野菜につく害虫を食べてくれる一面もあり、人にとっては益虫となる大切な存在でもあるのだ。巣が遠いなど危険な様子がない場合は、むやみに駆除をする必要はない。かえって無理に駆除をする方が刺される可能性があり、危険な行為だ。

対処法

もしも刺されたら

フタモンアシナガバチと同じく、スズメバチに比べれば被害は出にくい。しかし、刺されると傷口に激痛が走り、赤くはれ上がる。熱が出たり、意識に異常が見られたりした場合は病院へ。近寄ってきた場合は手で追い払うことはせず、刺激しないようにゆっくりとその場からはなれよう。

QUIZ クイズ

Q. セグロアシナガバチによく似ているといわれるハチは？

①キアシナガバチ
②キボシアシナガバチ
③コアシナガバチ

こたえは次のページ

超小型の毒毛を空中に放つ

チャドクガ

幼虫～成虫まですべてに毒あり！

データ

名前	チャドクガ
種族	昆虫
体長	幼虫は25mm 成虫は15mm
生息地	本州、四国、九州

こたえ ①キアシナガバチ

危険度

毒の強さ

遭遇率

チャドクガは、幼虫、マユ、成虫、すべての時期で毒を持っている。幼虫は公園や学校などにもあるツバキ、サザンカなどの葉を食べるため、身近な場所で大発生することがある。数十匹が群れていることも多い。

マユも成虫も、毒を持っているが、もっとも被害が多いのは幼虫だ。幼虫は茶色と黒の独特な模様をしていて、全身にたくさんの白い毛が生えている。この毛には、毒毛がついており、直接さわってしまった時はもちろん、風に吹かれて飛んできたものにふれても被害を受けることがある。洗濯物について、被害を受けた例もあるようだ。幼虫の発生時期は４月～６月と７月～９月で、公園や学校にあるツバキの葉っぱに、群れでついていることが多い。やみくもな駆除は毒毛を飛ばしてしまうので危険だ。チャドクガの駆除は火で焼いて行うので、決して自分でやってはいけない。もし見つけた場合は、大人の人に報告するようにしよう。

対処法

もしもさわったら

毒針毛が皮ふに刺さると、強いかゆみとじんましんのような赤いブツブツがいっせいに広がる。2時間～3時間ほど時間をおいて症状が現れることが多く、かゆみがおさまるまでに2週間ほどかかる。刺された場合はすぐに粘着テープで毒針毛を取りのぞき、水でよく洗い流そう。

QUIZ クイズ

Q.チャドクガの毒針毛の長さは？

①約0.01mm

②約0.1mm

③約1mm

こたえは次のページ

住宅地に多く生息することも!?

フタモンアシナガバチ

データ

名前	フタモンアシナガバチ	種族	昆虫	体長	女王バチは18mm 働きバチは15mm
生息地	日本全国				

こたえ ②約0.1mm

危険度

毒の強さ

遭遇率

フタモンアシナガバチは、黒色の体に黄色のまだら模様が特徴のアシナガバチの仲間だ。街中でも屋根の下などで巣を作って暮らしている。幼虫のエサとして他の昆虫を食べたりもするが、花の蜜も好きなようだ。

日本中どこにでも生息しているので、出会うことの多いアシナガバチの仲間だ。街中や家の周りでも巣が作られることがある。冬を越えた女王は、最初は一匹で巣作りをはじめ、卵を産み、働きバチを育てる。働きバチが生まれると、みんなで協力して次々に生まれてくる幼虫の世話をし、少しずつ巣が大きくなっていく。オスと働きバチは冬を越せないので、もし春にアシナガバチを見かけたら、それはきっと女王バチだ。攻撃性はあるが、巣をゆらしたりなど、刺激することがなければおそわれることはないだろう。スズメバチよりも被害は少ないが、人によっては重いアレルギーを引き起こすので、気を抜いてはならない。

対処法

もしも刺されたら

フタモンアシナガバチはスズメバチに比べると体が小さい。しかし、刺されるとスズメバチ同様に傷口に激痛が走り、みるみるうちに赤くはれ上がる。水で洗いながら傷口をしぼり洗いしよう。熱が出たり気分が悪くなったりした場合は、すぐに病院へ行くこと。

QUIZ クイズ

Q.フタモンアシナガバチの女王バチが冬眠場所を求めて迷い込んでしまい、刺された被害が報告されている場所とは？

①換気扇 ②洗濯物 ③ポスト

こたえは次のページ

KEEP OUT KEEP OUT

一生毒を持ち続ける！

モンシロドクガ

真っ白な体に猛毒を隠し持つガ

データ

名前	モンシロドクガ
種族	昆虫
体長	幼虫は25㎜ 成虫は15㎜
生息地	沖縄をのぞく日本全国

こたえ ②洗濯物

危険度

毒の強さ 

遭遇率 

成虫は真っ白でふわふわとしたかわいらしいガだが、実は卵～成虫まで一生毒を持つ危険な生物。特にサクラやウメを食べる幼虫は、学校や公園などで遭遇する可能性が高い。チャドクガと同じく毒針毛がある。

名前はモンシロチョウのようだが、決してだまされてはいけない。20ページのチャドクガと同じく成虫にも、体に超小型の毒針「毒針毛」があり、それが少しでも皮ふにふれると、ひどいかゆみや発疹におそわれる。発生時期は年に2回、5月～6月と8月～9月。夜間は光を目がけて飛んでくるので要注意だ。直接ふれなくても被害を受けることもある。チャドクガと同じ種類の幼虫でもサクラ、ウメ、クヌギ、コナラ、クワなどを幅広く好んで食べる。卵型でうす茶色のマユと、葉のうらに産みつけられる卵にも毒針毛がある。それらしきものを見つけても、絶対にふれてはダメだ！　ちなみに、ドクガの仲間だからといって、すべての種類が危険なわけではない。

対処法

もしもさわったら

強いかゆみとじんましんのような赤いブツブツが広がり、おさまるまでに数週間かかることも。刺された場合は粘着テープで毒針毛を取りのぞき、水でよく洗い流して応急処置をしよう。症状がひどい場合は病院へ行くこと。

QUIZ クイズ

Q.モンシロドクガの幼虫に似ている毒がないガの幼虫は？

①リンゴケンモン
②キバラケンモン
③オオケンモン

こたえは次のページ

KEEP OUT KEEP OUT

おとなしいが、いたずらは禁物(きんもつ)！

セイヨウミツバチ

敵(てき)とみなせば命(いのち)がけで戦(たたか)いを挑(いど)む

データ

名前 なまえ	セイヨウミツバチ
種族 しゅぞく	昆虫(こんちゅう)
体長 たいちょう	女王(じょおう)バチは20㎜ 働(はたら)きバチは13㎜
生息地 せいそくち	日本全国(にほんぜんこく)

こたえ ②キバラケンモン

危険度

毒の強さ

遭遇率

昔、ハチミツ採取のためにヨーロッパから連れてきたハチで、一部をのぞいて人が飼育しているものがほとんど。おとなしい性質だが、やはり巣を刺激したりすればおそってくるので注意したほうがいい。

女王バチと多くの働きバチで群れをつくるセイヨウミツバチは、一部をのぞいて人により飼育され、今では全国に生息している。オレンジ色の体の腹部にしま模様があり、他のハチと比べると体長13mmと小さい。しかし、敵とみなすと攻撃されるのでおとなしいからといっていたずらをしてはいけない。花の蜜や花粉を集めるようなハチでも刺激厳禁。ミツバチは針で人を刺すことにより自分の体も傷つけてしまい、一度攻撃するだけで死んでしまう。彼らにとっても命がけの戦いなのだ。だから、決して好んでおそってくることはない。巣は木にできた空洞などの自然の中に作られることがあるが、多くは冬を越せずに死んでしまう。

対処法

もしも刺されたら

刺された場合は傷口に激痛が走り、周りに赤い発疹が現れる。傷口に針が残るので、指ではじいて取ってから、水で傷口をしぼり洗いしよう。刺されてから30分～40分は様子を見て、気持ち悪くなったり、息が苦しくなったら病院へ。

QUIZ クイズ

Q.セイヨウミツバチの女王バチの平均寿命は？

①2～3年　②4～5年

③5～6年

こたえは次のページ

KEEP OUT KEEP OUT

もっとも身近な吸血鬼？

ヒトスジシマカ

そっと近づき、
音もなく血を吸う

データ

名前	ヒトスジシマカ	種族	昆虫	体長	4.5㎜
生息地	北海道をのぞく日本全国				

こたえ ①2～3年

危険度

毒の強さ

遭遇率

日本でもっとも一般的なヤブカの仲間。家の周り、公園、池や水たまりなど、どこにでも出没する。黒い体に白いしま模様があるのが特徴で、メスの成虫は針のようにのびた口から人やペットの血を吸う。

夏～秋にかけて激しいかゆみと傷口がぷっくりとはれる症状が現れたら、それはこのヒトスジシマカの仕業かもしれない。日本国内では東北地方の一部と北海道以外、屋外はもちろん、家の中にいても刺されることがあるほど身近な生物。彼らは人間やペットにそっと近づき、皮ふにその針のような口を音を立てず突き刺す。そして同時に体内にだ液を注入する。このだ液こそがかゆみの原因と言われる。血を吸うのはメスの成虫のみで、オスやボウフラと呼ばれる幼虫に害はない。ボウフラは飲み残しのある空きカンや空きビン、植木ばちの受け皿などわずかな水たまりでも発生する。人が生活するあらゆる場所に出没する吸血鬼だ。

対処法

もしも刺されたら

強いかゆみと赤いはれが現れたら虫刺されの薬などをぬろう。かゆみやはれが悪化してしまうので傷口をかかないように。また、症状がひどい場合は早めに病院へ。虫刺されといって、油断してはいけない。人によってはアレルギー症状で発熱や広い範囲におよぶはれが出ることもある。

QUIZ クイズ

Q. カの仲間が吸血に使う口は実は何本かの針が集まってできている。それは何本？

①4本　②5本　③6本

こたえは次のページ

食べすぎると中毒になる!?

イチョウ

本当はさわるだけでも危険な実

データ
種類：植物
高さ：15～30m
分布：日本全国

危険度

毒の強さ

遭遇率

街の並木や公園など、日本全国で見ることのできる樹木。毎年秋になるとおうぎ型の葉が黄色に黄葉する。

対処法

もしも食べたら

吐き気やけいれんなどの中毒症状が出たらすぐに病院へ行こう。過去に死亡した人もいるほど重大な危険性がある。外に落ちているギンナンを直接さわると、肌がかぶれることがあるので注意！

街中に植えてあるイチョウだが、毎年秋に実るギンナンという種子に要注意だ。外側の皮をむいて中にあるかたい殻を割り、さらにその中に黄緑色の実がある。この実は食用なのだが、ギンコトキシンという毒がふくまれている。食べ過ぎると中毒症状が出るので、危険回避のため子どもは食べないでおこう。

こたえ ③6本

夕方になると花開く夜行性植物

オシロイバナ

口に入れれば腹痛やゲロを！

データ
種類：植物
高さ：1m
分布：日本全国

危険度

毒の強さ

道や公園にもよく植えられているピンク、黄色、白などの色がある花。夕方になると花が咲く夜行性。

対処法

もしも食べたら

根と種子に毒がある。口に入れなければ問題ないが、体の中に毒成分が入ると腹痛やおう吐を起こす中毒になる。もしもの時はすぐに病院へ行こう。

江戸時代に熱帯アメリカからやってきたオシロイバナ。何年にもわたって花を咲かせる多年草という種類の植物だ。花の季節が終わると、つぶすと中から白い粉が出てくる黒い種子をつける。根、種子にトリゴネリンという毒があり、直接口に入れると中毒症状になることがあるので覚えておこう。

KEEP OUT KEEP OUT

きれいな花を咲かせる危険な木

シキミ

猛毒がある星形の実は特に注意！

データ

種類：植物
高さ：2〜7m
分布：東北南部〜沖縄

危険度

毒の強さ

遭遇率

1年中枝に緑の葉をつけ、春になると葉のつけ根からクリーム色の花を咲かせる。木のすべてに毒がある。

対処法

もしも食べたら

果実にはアニサチンという猛毒があり、これを口に入れた場合はけいれん、おう吐、意識障害が起こり、死ぬこともある。すぐに病院へ行こう。

クリーム色のきれいな花を咲かせ、星のような形をした果実を実らせる。しかし、そのすべてに有毒物質をふくんでいる恐ろしい木。果実は中華料理に使われる「はっかく」というスパイスに似ているが、絶対に口に入れたりしてはダメ！　あやまって食べてしまった人が死亡したという被害報告があるほどだ。

恐ろしい本性を隠し持つ……

キダチチョウセンアサガオ

花の甘い香りにだまされるな!

データ
種類：植物
高さ：3〜4m（花は長さ20〜30cm）
分布：日本全国

危険度

毒の強さ ☠☠☠☠
遭遇率 ☠☠☠

春から秋にかけて下向きにたれ下がったラッパ型の花を咲かせる。観賞用として栽培されることが多い。

対処法

もしも食べたら

あやまって食べた場合、おう吐、けいれん、呼吸ができなくなるなどの危険な中毒症状が出る。すぐに病院へ行ってみてもらおう。

熱帯アメリカ産まれの植物で、日本では園芸種として庭で栽培されることが多い。花は大きいもので長さ30cmにもなる。何年にもわたって花を咲かせる多年生植物だ。きれいで甘い香りのする花なのだが、スコポラミンやヒヨスチアミンなどの猛毒が植物全体にあるという恐ろしい本性を隠し持っている。

KEEP OUT KEEP OUT

おいしそうな果実にも猛毒あり！

ヨウシュヤマゴボウ

居住地
公園・都市緑地
山
水中
沖縄

身近な野菜やくだものに似た毒草

データ

種類：植物
高さ：1～2m
分布：沖縄をのぞく日本全国

危険度

毒の強さ 💀💀💀💀

遭遇率

道ばたや空き地に生えていることも多い。根はごぼうのような形で、秋に黒むらさき色の果実がなる。

対処法

もしも食べたら

サポニンという毒があり、口にすると腹痛、おう吐、げり、けいれんなどの中毒症状になり、大量に食べると死亡する可能性もある。すぐ病院へ！

北アメリカ産まれでアメリカヤマゴボウという別名もある。6月～9月に白やうすピンクの小さな花が、大きな葉の間から垂れ下がるようにして茎の先に咲く。花の季節が終わると、果実が黒むらさき色になってやわらかくなる。果実はブルーベリーに似ているが食べると危険。ゴボウにそっくりな根にも要注意。

小さくてかわいらしい花にも毒が！

アセビ

生まれたての赤い新葉にご用心

種類：植物
高さ：1〜6m
分布：東北南部〜九州

危険度

毒の強さ

遭遇率

庭やはち植えで栽培されていることが多い、花を咲かせる背がやや低い木。山地に自生するものもある。

対処法

もしも食べたら

アセボトキシンという毒があり、食べるとよだれ、おう吐、体の感覚がなくなる神経まひなどの中毒症状が出る。すぐ病院へ行こう！

4月〜5月にすずらんのような小さな花が、ぶどうの房のようになって垂れ下がって咲く。つやつやとした緑の葉とともにとてもきれいなのだが、アセビはそのすべてに毒を持っている。公園など身近な場所にある木なので、あやまって口に入れることのないように注意しよう。ペットを近づけるのも危険だぞ。

KEEP OUT KEEP OUT

きれいな花にも毒がある……？

アジサイ

いまだ正体不明の猛毒物質

データ

種類：植物
高さ：1〜3m
分布：日本全国

危険度

毒の強さ

遭遇率

毎年つゆの季節になると花を咲かせる、とても身近な背の低い木。育つ場所の土の性質によって花の色が変わる。

対処法

もしも食べたら

アジサイの葉を食べて中毒になった人は、食後30分ぐらいに異変に気づいたという。おう吐、めまい、顔が真っ赤になるなどの症状が出たとか。まずは病院へ！

6月〜7月に白、水色、むらさきなどのやわらかな色の花を咲かせる。まわりがギザギザとした大きな葉は料理によく使われる大葉に似ているが、実はアジサイの葉には毒があると言われている。これまでアジサイの葉を食べて中毒症状になった人がいるが、どんな毒があるのかは、いまだにわかっていない。

汚染にも負けない強い木だが……

キョウチクトウ

折った枝を燃やせば煙を毒になる

データ

種類：植物
高さ：2.5〜6m
分布：東北南部〜沖縄

危険度

毒の強さ

遭遇率

白、赤、ピンクの花を咲かせるインド産まれの木。空気汚染や乾燥にたえる強い性質で、高速道路沿いにも生えている。

対処法

もしも食べたら

オレアンドリンなどの毒成分があり、口に入れると頭痛、めまい、吐き気、けいれんなどの中毒症状が出る。病院でみてもらおう。

葉は細長くて丸みがあり、6月〜9月に約4cmのプロペラのような形の花を咲かせる。公園や校庭にも植えられる身近な木だが、花、葉、枝、根、種子のすべてに猛毒がある。その毒はバーベキューの肉をさす串に枝を利用しただけでも中毒症状が出るほど強力。折った枝を燃やせばその煙も毒になる。

いつも食べているイモに毒が？

ジャガイモ

じゃがいも中毒で死に至ることも

データ
種類：植物
高さ：50〜60cm
分布：日本全国

危険度

毒の強さ

遭遇率

6月〜7月に花が咲き、夏〜秋にかけて地下茎というイモになる部分がデンプンをたくわえて大きくなる。

対処法

もしも食べたら

毒に当たるとおう吐、腹痛などの症状が出て、ひどい場合は意識がなくなり死亡する可能性もある。食べてしまったらすぐに病院へ。

いつも食べているのに毒があるなんて信じられない！と思うかもしれない。しかし、じゃがいも中毒になる人はほぼ毎年いる。光に当たって皮がうすい黄緑や緑色に変色したものや出てきたイモの芽には、ソラニンという毒がある。食べる時はこれらに注意して料理しよう。

居住地
公園・都市緑地
山
水中
沖縄

美しい花に毒あり!

ヒガンバナ

秋に突然姿を現す有毒植物

データ

種類：植物
高さ：30～50cm
分布：沖縄をのぞく日本全国

危険度

毒の強さ 

遭遇率 

秋のおひがんごろに花を咲かせることからその名前がついた。道ばたに群れになって自生していることが多い。

対処法

もしも食べたら

さわることは平気だが、けっして口にしてはいけない。特に球根に強い毒があり、食べるとおう吐やげり、重症の場合は神経がまひする可能性も。病院へ行こう。

開花の季節が近づくと、先端につぼみをつけた茎が突然地上に現れる。1日に数cm生長し、花弁がカーブした赤い花を咲かせる。1週間ほどであっという間に枯れてしまい、それから細い深緑の葉を生やす。美しいヒガンバナだが、そのすべてにアルカロイド系の毒があり、食べることはできない。

KEEP OUT KEEP OUT

どの部分も絶対に食べちゃダメ！

スイセン

ニラとまちがえて食べると大変なことに……

データ

種類：植物
高さ：30〜50cm
分布：日本全国

危険度

毒の強さ

遭遇率

色や形がちがう様々な品種がある。庭や公園で栽培されているが、道ばたに自生しているものも多い。

対処法

もしも食べたら

葉がニラやノビルに似ていてまちがえて食べてしまう人がいる。スイセンにあるリコリンなどの毒はおう吐などの中毒を引き起こす。すぐ病院へ行こう！

日本でスイセンといえば、白い花びらに黄色いラッパ形の副冠がついたニホンスイセン。花や葉が枯れても、次の年にまた同じ場所に生える多年草だ。細長く少し厚みのある葉がニラに似ているが、これを食べると中毒症状を起こしてしまう。葉や茎を切ったときに出る乳液もふれると皮ふ炎を起こす。

毒にも薬にもなるふしぎな植物

ナンテン

縁起の良い木を油断は禁物！

データ

種類：植物
高さ：1〜3m
分布：東北南部〜九州

危険度

毒の強さ

遭遇率

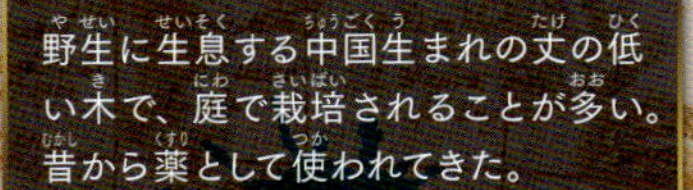

野生に生息する中国生まれの丈の低い木で、庭で栽培されることが多い。昔から薬として使われてきた。

対処法

もしも食べたら

果実を食べるとけいれんや神経まひなどを起こすこともある。果実や葉は生薬として使われているが、お医者さんの処方が必要だ。

「ナンテン」という音が「難を転ずる」に近いことから、縁起の良い木とされている。10月〜12月につける赤い果実や葉などすべてに毒があるぞ。葉には防腐、殺菌作用があるため、お赤飯の上にのせる風習があるが、食べないほうが良い。葉や果実は薬に使われることもあり、毒にも薬にもなる植物だ。

するどい葉を持つ生きた化石

ソテツ

居住地
公園・都市緑地
山
水中
沖縄

おいしそうな朱いたねにだまされるな！

データ

種類：植物
高さ：2～5m
分布：日本全国

危険度

毒の強さ

遭遇率

暖かい気候の地域に自生するヤシ類のような低木。葉が幹の先端から広がるように生える。

対処法

もしも食べたら

昔の人は種子を食べていたらしいが、種子と幹にサイカシンの毒が多くある。食べるとおう吐、めまい、呼吸困難の症状がでる。食べたら急いで病院へ行こう。

葉は針のようにするどい小葉が集まってできている。中生代からはんえいする生きた化石。秋に大きさ4cmほどの、ちょっとおいしそうな朱色の種子を実らせるが、この種子にはサイカシンという毒がある。奄美では食べ物がない時代に種子を毒抜きして食べ、うえをしのいでいたそうだ。

世界に愛される美しい木にも危険が

シャクナゲ

データ

種類：植物
高さ：1～7m
分布：沖縄をのぞく日本全国

危険度

毒の強さ

遭遇率

春に花が咲く木で、色や模様がちがうたくさんの種類がある。栽培用もあるが、様々な場所に自生している。

対処法

もしも食べたら

中毒になるとおう吐、げり、けいれんなどの症状が出るので病院へ。ミツバチがシャクナゲの蜜を集めてできたハチミツで中毒になることもある。

4月～5月に赤、白、ピンクなどの花を咲かせるシャクナゲ。その美しさで世界中から人気があり、その土地によって様々な種類が栽培されている。ただ、葉や蜜には毒がふくまれているので注意しよう。葉を乾燥させ自宅で作ったお茶や、シャクナゲから作られたハチミツを口にして中毒になった人もいる。

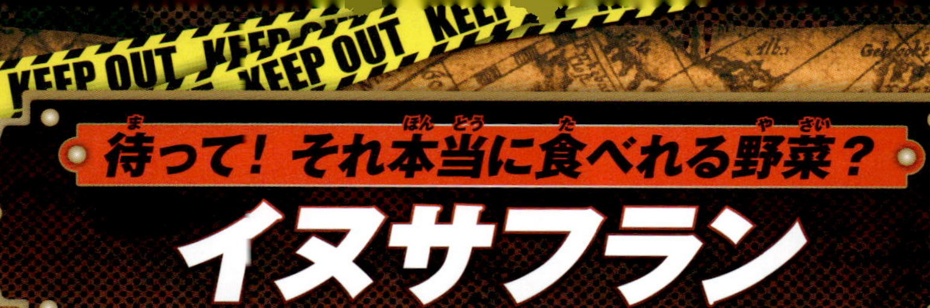

イヌサフラン

死亡事故が多発している超猛毒植物

データ

種類：植物／高さ：20〜30cm
分布：日本全国

危険度

毒の強さ ☠☠☠☠☠
遭遇率 ☠☠☠☠

庭や公園で栽培されることが多い。まっすぐにのびた茎からピンクや青むらさきの花を咲かせる。

対処法

もしも食べたら

葉や球根が他の野菜に似ていて食べてしまう人がいるが、おう吐やげりの中毒になり、死ぬこともあるので、すぐ病院へ！

秋に茎をのばしてきれいな花を咲かせ、春になると明るい緑色の葉が地面から生えてくる。美しい見かけをしているが、花、茎、葉、球根のすべてに毒がある。葉はギョウジャニンニクというネギの仲間、球根はニンニクやジャガイモとまちがえて食べてしまう事故が続けて起きているので注意。

かゆみや水ぶくれの毒を隠し持つ

サクラソウ

かわいい花だけど、ふれるな危険！

種類：植物
高さ：15〜40cm
分布：北海道南部、本州、九州

危険度

毒の強さ
遭遇率

サクラソウには数百におよぶ品種があり、プリムラという名前がついたものも販売されている。

対処法

もしもさわったら

葉や茎にふれると、かゆみや水ぶくれなどの症状が現れることがある。症状が出たら病院へ行こう。

「古典園芸植物」といわれるほど、日本において古くからはち植えで親しまれてきたサクラソウにも、実は毒がある。身近な植物で園芸店でサクラソウやプリムラという名前でたくさんの園芸品種が売られている。葉や茎に毒があるので、サクラソウの手入れをするときはゴム手袋をして肌を見せないようにしよう。

かれんな花はとくに強い毒を持つ！

スズラン

かれんな花は見るだけに!?

データ

種類：植物
高さ：15～35cm
分布：本州中部以北

危険度

毒の強さ 

遭遇率 

ギョウジャニンニクとあやまって食べる例が見られる。活けていた水を飲んでも中毒を起こすので注意！

対処法

もしも食べたら

とくに葉や根が毒が強いといわれており、口に入れるとおう吐、頭痛、心不全などの症状が出る。上記の症状が出た場合は、すみやかに病院に行くこと。

フランスでは愛する人に贈る風習があるスズラン。そのかれんな見た目や強い香りから、観賞用としても人気があるが、実は全草に毒を持っているのだ。赤い果実もおいしそうに見えるが、これも有毒。花を活けていた水を飲んでも中毒を起こすため、人だけでなくペットにも注意が必要だ。

食用としておなじみの果実にも毒が！

ウメ

生で食べるな、食べると苦しむ！

データ
種類：植物
高さ：4〜7m
分布：日本全国

危険度

毒の強さ
遭遇率

大量に青梅や種子をかみくだいた場合のみ。果肉をかじったくらいでは、中毒の危険性は低いとされている。

対処法

もしも食べたら

木になったばかりの青梅を大量に食べると、めまい、おう吐、激しい動悸、頭痛、けいれんなどが起こる。症状が出た場合は、すみやかに病院に行くこと。

一足早く春を告げてくれる花として有名なウメ。実も梅干しや梅酒として親しまれているが、青梅そのものにはアミグダリンという毒性成分がふくまれている。食べると、体内で加水分解され、猛毒の青酸に変化するのだ。ただし、梅酒の青い実や梅干しの種は、毒の成分が分解されて食べられるようになる。

全草が有毒！ 汁液から皮ふ炎に

キツネノボタン

儚げな黄色い花の正体は……！

データ

種類：植物
高さ：30～60cm
分布：日本全国

危険度

毒の強さ

遭遇率

同じキンポウゲ属のウマノアシガタやタガラシも有毒植物。セリとまちがえることもあるので要注意だ。

対処法

もしもさわったら

かぶれたところを早く洗い流し、抗ヒスタミン剤が入ったステロイド軟膏をぬる。なかなか治らない場合やあやまって食べた場合は、病院へ行くこと。

キンポウゲ科キンポウゲ属の多年草。川や水田の近くなど、湿り気の多い場所で見覚えのある人も多いのではないだろうか？　小さな黄色い花はとても愛らしいが、全草の汁液中にプロトアネモニンがふくまれており、皮ふにつくと炎症を起こす。また、食べると急性胃腸炎、げり、おう吐などを起こす。

第2章

公園・都市緑地で遭遇する猛毒生物

お父さんやお母さん、友達と遊ぶ公園。それに都市緑地（都市の木が生えている場所や草地や水辺など、植物がたくさんある場所）にも、実は猛毒生物がひそんでいる。要注意だ！

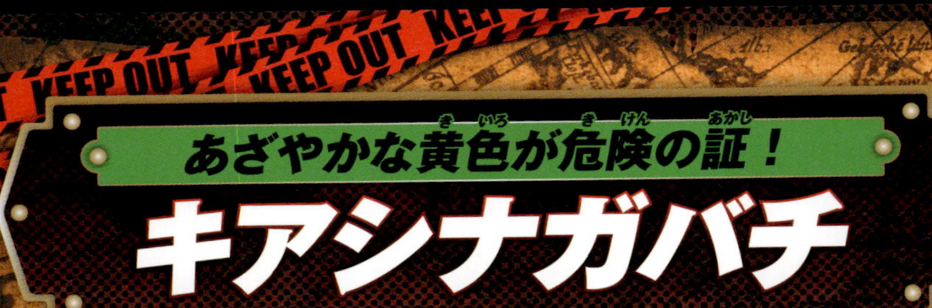

あざやかな黄色が危険の証！

キアシナガバチ

アシナガバチ界の暴れん坊

居住地
公園・都市緑地
山
水中
沖縄

データ

名前	キアシナガバチ
種族	昆虫
体長	女王バチ24㎜ 働きバチ20㎜
生息地	日本全国

危険度

毒の強さ ☠☠☠☠

遭遇率 ☠☠☠☠

アシナガバチはあまり攻撃的ではないものが多いが、キアシナガバチとセグロアシナガバチは別。巣を壊されたり、身の危険を感じると一斉におそってくるぞ。危険なので、巣に対していたずらをすることがあってはならない。

キアシナガバチはスズメバチよりも小さく、細長くて、全身にあざやかな黄色のまだら模様が入っているのが特徴だ。日本在来のアシナガバチの中で、もっとも多く見られる種類で、やや山沿いの地方や民家の軒下、河原の下、木の枝などに円型の巣を作って生活している。刺激しなければおとなしく、自分からおそいかかることは基本的にないが、うっかり巣を刺激しようものなら大変だ。働きバチが巣から飛び出し、攻撃を受ける。毒そのもので死ぬことはないが、人によっては重いアレルギー症状が起こる場合もある。最悪の場合は死に至ることもあるので、警戒しよう。ちなみに、アシナガバチの巣は、六角形の穴が丸見えだ。

対処法

もしも刺されたら

巣を刺激してしまったら、一刻も早く走ってその場から逃げよう。その後、傷口を水でしぼり洗いし、冷やして様子をみる。抗ヒスタミン軟膏をぬり、万が一頭痛や吐き気があったら、すぐに病院へ行こう。

QUIZ クイズ

Q.アシナガバチを刺激する色は？

①黄色　②黒　③白

こたえは次のページ

松の小枝にひそむ恐ろしい刺客

マツカレハ

居住地
公園・都市緑地
山
水中
沖縄

データ

名前	マツカレハ	種族	昆虫	体長	45～90㎜
生息地	日本全国				

こたえ ②黒

危険度

毒の強さ

遭遇率

全身は地味な銀色で、普段はマツの小枝に溶け込むようにして暮らしている。中には脱皮をくりかえすと黒くなるものもいる。マユになっても、幼虫の時の毒毛が表面についているので、さわってはいけない。

幼虫は、アカマツ、クロマツ、カラマツなどに住みつき食害をもたらす害虫となる。市街地にも生息し、節くれだった全身はまるで小枝のようにも見える。そのため、うっかり手でさわってしまう危険性が高いくせものだ。おもしろがってつかまえる人もいないとは思うが、絶対に素手でふれてはいけない。毒毛があり、さわった瞬間に激しい痛みがある。さらにじんましんのような症状を引き起こすこともあるようだ。毒毛は非常に細かいので、繊維のすきまから入り込んでくることもあるぞ。刺された翌日から２週間～３週間の間は、強烈なかゆみが出るから、これまたやっかいなやつだ。人によっては熱も出てしまうことがあるようなので、気をつけたい。

対処法

もしもさわったら

患部に粘着テープをあてて毒毛をしっかりと取りのぞく。水で患部を清潔にしてから、ステロイド剤が入った軟膏をぬろう。抗ヒスタミン軟膏では効果が出にくいので注意。発熱など症状が重い場合はすぐ病院に。

QUIZ クイズ

Q.マツカレハの日本以外での生息地は？

①アマゾン

②エジプト

③シベリア

こたえは次のページ

アオカミキリモドキ

刺激すると毒液を分泌するぞ！

データ

名前	アオカミキリモドキ	種族	昆虫	体長	13㎜
生息地	日本全国				

こたえ ③シベリア

危険度

毒の強さ

遭遇率

5月〜8月ごろに、市街地から山地でよく見られる。昼間の活動はにぶく、葉のうらに隠れていたり、花の蜜を食べていたりする。夜になると明かりを目指して飛ぶので、家の中に入ってくることもあるぞ。

カミキリモドキの仲間はたくさんいて、日本だけでも約40種類が発見されている。アオカミキリモドキは頭と前胸がオレンジ色で、ハネは金属のように光り輝く緑色をしているのが特徴。さわったりして刺激すると、体の節から液体を出して抵抗をしてくるのだ。その液体には、カンタリジンという毒成分が入っているからさわらないように。その液体が皮ふにふれてしまうと、数時間で赤くなってきて、やがてやけどをしたときのような水ぶくれになってしまうぞ。この虫が体についたときは、刺激しないようにそっと払いのけること。決して刺激したり、つぶしたりしないようにするのが身のためだ。アオカミキリモドキ以外のカミキリモドキも毒があるものがいるので、注意しよう。

対処法

もしもさわったら

家への侵入は網戸などで防ぎ、見つけてもさわったりしないようにしよう。万が一虫から出た液体にさわってしまったら、まずその部分をよく洗っておこう。虫刺され薬をぬるのもいいが、症状がひどくなるようであれば、病院へ行った方がいい。

QUIZ クイズ

Q.カミキリモドキの仲間で実際にいないのは？

①キイロカミキリモドキ
②クロカミキロモドキ
③モモカミキリモドキ

こたえは次のページ

毒のあるオナラを霧のように噴射

ミイデラゴミムシ

100度の高温ガスで相手を攻撃

データ

名前 なまえ	ミイデラゴミムシ	種族 しゅぞく	昆虫	体長 たいちょう	15〜17㎜
生息地 せいそくち	沖縄をのぞく日本全国				

こたえ ③モモカミキリモドキ

危険度

毒の強さ

遭遇率

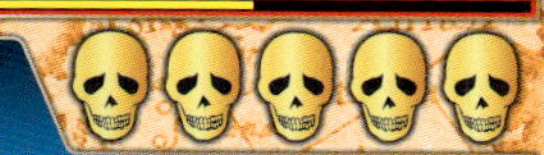

4月～10月にかけて、平地から低山の少し湿った場所で遭遇しやすい。基本的には夜中に活動することが多いが、日中に活動することもある。ほかの昆虫や動物の死がい、落ちている果実などを食べる。

ミイデラゴミムシは、ゴミムシの仲間の中でももっとも有名な種類。幼虫のときには、オケラという昆虫の卵の殻をやぶり、その中に入っている液体を栄養にして大きくなる。昼間は石や葉っぱの下などにひそんでいることが多い。外敵におそわれると「シュッ」という音とともに、とんでもない悪臭のする毒ガスをお尻から霧状に放つ。そのオナラは、瞬間的に100度近くの高温になるのだ。これが皮ふにふれると、熱さとピリピリとした痛みを感じるぞ。あまりに強力なオナラをするので、「ヘッピリムシ」と呼ばれることもある。おしりの先の向きを変えることで、オナラを噴射する方向を自在に変えることができるぞ。

対処法

もしもあびたら

見かけても、刺激を与えてはダメ。オナラが皮ふにふれると、その部分が赤茶色に変色する。ヒリヒリした感覚が現れ、場合によっては水ぶくれができることもある。万が一、液体が目に入ってしまったら、よく水で洗って、病院へ行こう。

QUIZ クイズ

Q. ミイデラゴミムシの「ミイデラ」とは何のこと？

①オナラ ②大きい ③お寺

こたえは次のページ

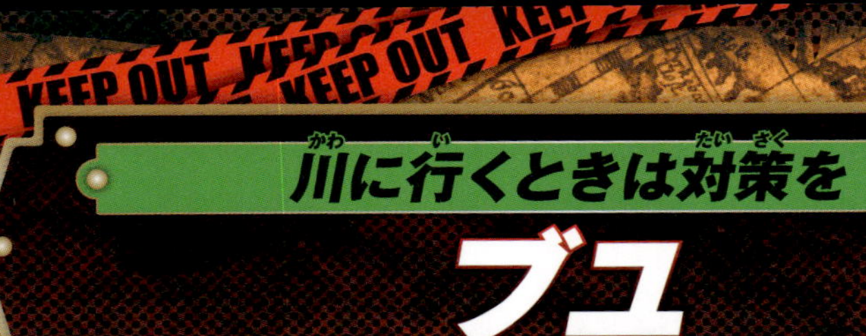

川に行くときは対策を

ブユ

居住地
公園・都市緑地
山
水中
沖縄

データ

名前 なまえ	ブユ	種族 しゅぞく	昆虫	体長 たいちょう	2㎜〜4㎜
生息地 せいそくち	日本全国				

こたえ ③お寺

危険度

毒の強さ 💀💀

遭遇率 💀💀💀💀💀

春から秋にかけて日本各地で確認される。主に森林や川沿いなどに生息しているので、キャンプや登山などのアウトドアで刺されることが多いぞ。人間などの動物をおそうのは、蚊と同じでメスの成虫だけ。

地域によって「ブヨ」、「ブト」とも呼ばれているブユ類。日本には約60種が生息しているが、世界には1000種～1400種いるとされている。ブユが恐ろしいのは蚊のように刺すだけでなく、ひどいはれやかゆみを引き起こすところ。血液を吸う時に、だ液が注入され、それが原因になってはれやかゆみが起きるのだ。これはだ液によるアレルギー反応と言われており、人によって症状の出方がまちまちだ。蚊とちがって、近づいてきても音をあまりたてないので、気づかないうちに刺されていたということも多い。虫よけスプレーである程度予防できるので、キャンプや登山などでブユが心配な時は、スプレーをあらかじめかけておくといい。

対処法

もしもかまれたら

かまれると、その後に強いかゆみやはれが起こる。早めに抗ヒスタミン成分が入ったぬり薬をぬろう。はれやかゆみは1週間～2週間ほど続くぞ。あまりのかゆさで、かきむしって化膿することもあるので、ひどい場合は病院へ行こう。

QUIZ クイズ

Q.ブユは何の仲間？
①ハエ　②ハチ
③カメムシ

こたえは次のページ

国内最大級のムカデ！

トビズムカデ

巨大なアゴでかみつく名ハンター

データ

名前	トビズムカデ	種族	多足類	体長	8～15cm
生息地	本州、四国、九州、沖縄				

こたえ ①ハエ

居住地
公園・都市緑地
山
水中
沖縄

危険度

毒の強さ ☠☠☠☠

遭遇率 ☠☠☠☠☠

春から秋にかけて活動する大きなムカデで、家の中で見つかることもある。朽ち木や石の下などにひそんでいることが多い。ほかの昆虫を中心に小さなカエルやネズミを食べることもある肉食動物。

「オオムカデ」とも呼ばれる、国内最大級のムカデの仲間。大きなアゴで獲物をとらえ、毒を注入する。かまれると激痛が走り、はれや皮ふの炎症を生じる。かまれると2つのかみ跡がつく。体内に毒が入ると重いアレルギー症状を引き起こすこともあるので、心配な場合は病院へ行こう。山が近い場所に住んでいると、夜中に家の中に侵入してくることもある。また、キャンプをしているときなどにも夜中にテント内へ侵入してくることも。湿気があって温度が安定したところを好むため、家や靴、布団、テントなどは好まれやすい。昆虫採集に出かけたときに、朽ち木や岩をひっくり返すときは注意しよう。うらにいる可能性があるぞ。

対処法

もしもかまれたら

かまれたら、43〜46℃くらい（お風呂のお湯よりも少し熱いくらい）のお湯で傷口を洗おう。抗ヒスタミン成分が入っている軟膏をぬって、痛みや炎症がひどい場合は病院へ行こう。ムカデがいそうな狭いすき間には、不用意に手を入れたりしないことも大切だ。

QUIZ クイズ

Q. 中国では重宝されているムカデ、なにに使われている？
①スナック菓子
②漢方　③肥料

こたえは次のページ

KEEP OUT KEEP OU

臭い毒液を吹き出して反撃

ヤケヤスデ

居住地
公園・都市緑地
山
水中
沖縄

データ

名前	ヤケヤスデ	種族	多足類	体長	20㎜
生息地	日本全国				

こたえ ②漢方

危険度

毒の強さ

遭遇率

ムカデそっくりだが、ムカデの足が1つの節に1対なのに対し、ヤケヤスデは2対ずつ。しかし2倍の速さで歩けるわけではなく、むしろ歩きは遅い。危険を感じると体の節から臭い体液を分泌する。

森林から家の庭先まで、どこにでも現れるヤケヤスデは、石の下や落ち葉の中、土の中など暗くてじめじめした場所でひっそり暮らしている地味なヤツ。しかし、たまに住宅街などで大発生しては、人々を驚かせることもあり、一カ所に何匹も固まってうじゃうじゃとうごめく様子は身の毛もよだつほど気味が悪い。腐葉土などをエサとするため、自然界では良い土を作るために欠かせない存在だ。人におそいかかることはなく、こちらから攻撃しなければおとなしくしているが、もしいたずらをすれば節の側面にある臭孔から臭い毒液を吹き出して反撃してくるぞ。毒液は比較的弱めだが、場合によっては炎症を引き起こす可能性がある。また目に入ると一大事だ。

対処法

もしもさわったら

体液が肌についてしまったら、すぐにきれいな水でしっかりと洗い流そう。炎症が出た場合は抗ヒスタミン剤が入った軟膏をぬり、万が一目に入ってしまった場合は、眼科でみてもらうようにする。ヤケヤスデにはとにかくさわらない。これが一番確実な方法だ。

クイズ

Q.2000年7月29日の新潟での事件。ヤケヤスデによって止められてしまった乗り物は？

①飛行機　②バス　③電車

こたえは次のページ

KEEP OUT KEEP OUT

食いつくと何日も血を吸い続ける

マダニ

データ

名前 なまえ	マダニ	種族 しゅぞく	ダニ類	体長 たいちょう	2〜10㎜
生息地 せいそくち	日本全国				

こたえ ③電車

危険度

毒の強さ ☠☠

遭遇率 ☠☠☠☠

2011年に中国で発表された新しいウイルスによる感染症「SFTS」を媒介することが判明し、恐れられている。マダニはSFTSのほかにも様々な感染症を運ぶ可能性があるので、かまれないように注意が必要だ。

普段は草むらで獲物を待ち伏せしており、くっつくと、口を皮ふへ刺し込む。放っておくと、数日から数週間にわたって血を吸われることになる。かまれたときに痛みを感じないことが多く、お風呂で気がつくことが多いようだ。しかし、マダニにかまれてこわいのは、彼らが運ぶ感染症だ。マダニによって媒介される感染症の多くは、初期症状がインフルエンザに似ていることが多いようなので、マダニにかまかれた後の数週間は、そのような症状がないか注意しておきたい。近年、西日本を中心に広がっているSFTSなどの感染症が心配されている。この感染症には、現在しっかりとした治療法がないため、何よりもダニにかまれないように用心したい。

対処法

もしもかまれたら

かみついてから時間がたったマダニは、セメントのような物質で傷口にしっかりくっついているため、病院で取ってもらおう。かみついた直後のマダニは、ハンドクリームなどで覆うと、自ら離れることもある。数週間以内にインフルエンザのような症状が出たら、すぐに病院へ。

QUIZ クイズ

Q.マダニの天敵は？

①クモ

②アリ

③ネコ

こたえは次のページ

KEEP OUT KEEP OU

おとなしいが毒性はウミヘビクラス

ヤマカガシ

居住地
公園・都市緑地
山
水中
沖縄

データ

名前	ヤマカガシ	種族	爬虫類	体長	60〜100cm
生息地	本州、四国、九州				

こたえ ①クモ

危険度

毒の強さ

遭遇率

黒、赤、黄色を基調としてるが、地域による色の変化も大きく、西日本の個体はアオダイショウともまちがえやすい。子どものときは首元に黄色いラインがついていることもあるが、変化が多いヘビなので安易な判断は禁物。

田んぼや川沿いなど、カエルが好むところに多く生息する身近な毒ヘビだ。あまりにもおとなしい性格のヘビのため、かつては子どもたちのおもちゃにされて遊ばれたりもしていた。しかし、かまれると一大事だ。1984年にはヤマカガシをつかまえて遊んだ中学生が死亡するなどの事故も発生している。毒はとても強く、同じ量の毒で比べるとハブの約8倍近くの毒性がある。毒は上あごの奥にたくわえていて、奥歯でかむことで毒を相手の体内に注入する。かまれてから数時間から2日以内に、歯茎、鼻、目などから出血があり、吐き気、視覚障害、全身への痛みなどの症状が現れる。身近なヘビだが、見つけても絶対に遊んではいけない。

対処法

もしもかまれたら

ヤマカガシにかまれた場合、マムシとちがって痛みがあまりなく、毒が入ったことに気づかないこともあるようだ。しかし、毒が入っていたら一大事。毒が入ったかどうかではなく、かまれたという事実に従って、走ってでもいいので病院へ行くようにしよう。

QUIZ クイズ

Q.ヤマカガシが首に持つ防御用の毒は何から得ている?

①エサにしたヒキガエル
②人が流した洗剤
③死んだマムシ

こたえは次のページ

KEEP OUT KEEP OUT

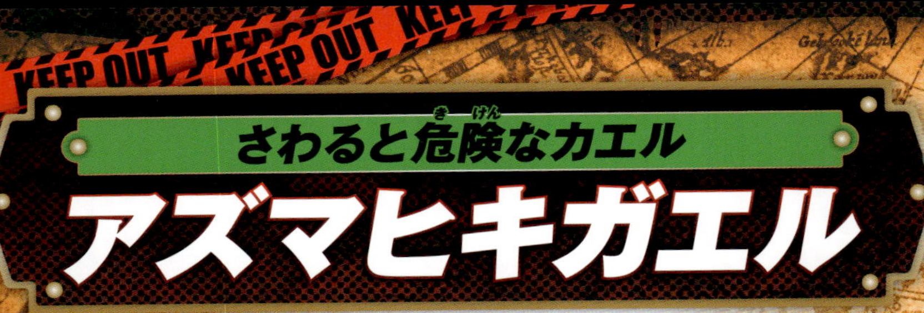

目の後ろに毒液を隠し持つ!!

居住地
公園・都市緑地
山
水中
沖縄

データ

名前	アズマヒキガエル	種族	両生類	体長	3〜15cm
生息地	北海道、本州（東日本）				

こたえ ①エサにしたヒキガエル

危険度

毒の強さ

遭遇率

主に夜行性。アリ、ミミズ、クモなどを食べて成長する。背中や側面にブツブツとしたイボのような突起があるのが特徴。おそわれたりすると、目の後ろにある耳腺という場所から、乳白色の毒を分泌する。

林や湖や湿地などの自然豊かな場所から、田んぼや公園や庭まで、少しの水場があれば人の多い場所にもやってくるアズマヒキガエル。体の色はやや個体差はあるが、全身が濃い茶色で、ずんぐりしているのが特徴だ。春先に産卵にきたメスのお腹は、卵でたぷたぷにふくらんでおり、水場の中でオスと出会い、産卵する。ずっしりとした動き方をし、はねることもあまりない。アズマヒキガエルにおそわれるということはまずないが、つかんだり、体を強くさわったりすると、耳線から毒が出てくることもあるのでご用心。毒が手についた状態で目をこするなどしてしまうのはとても危険だ。さわらずに観察するようにしよう。

対処法

もしもさわったら

さわった後はかならず手を洗うこと。毒液が直接目に入ってしまった場合は、すぐに水洗いする。この時、洗面器にためた水ではなく、水道の蛇口に目を近づけてジャブジャブと洗い流すほうがいい。目に入った場合は、病院でみてもらおう。

QUIZ クイズ

Q. アズマヒキガエルの性格は？

①怒りっぽい
②おしゃべり好き
③動きがにぶい

こたえは次のページ

KEEP OUT KEEP OUT

つかむなキケン!!

クマバチ

データ

名前	クマバチ	種族	昆虫	体長	21〜23㎜
生息地	本州、四国、九州				

こたえ ③動きがにぶい

危険度

毒の強さ ☠☠☠

遭遇率 ☠☠☠☠☠

胸部は黄色い毛でおおわれ、腹部は光沢のある黒色。体がコロッと丸いのが特徴だ。胸が黄色いので、キムネクマバチとも呼ばれる。基本的にきわめておとなしいので、つかまないようにしたい。エサは花粉や花の蜜。

大きくてコロコロと丸い体をしたクマバチ。なわばり意識が強く、オスのクマバチはテリトリーに入ってきた他の虫や、小鳥までも追いかけて追い払ってしまう。そう聞くと、恐ろしいと思うかもしれないが、本当は温厚なハチなんだ。そもそもオスには毒針もなく、人をおそうことは決してない。ただし、絶対に手でつかまえようとしてはいけない。なぜなら、無害なのはオスだけで、メスのクマバチは毒針を持っているからだ。メスはつかまれば迷うことなく毒針で攻撃をしてくるぞ。刺されれば当然痛い目にあう。おとなしいとはいえ、立派なハチの仲間なので、けっしてつかみ取るなど、刺激をしないのが賢明だ。

対処法

もしも刺されたら

クマバチはおとなしいので刺される事故はあまり起こらないが、毒は持っている。他のハチ同様に、刺されたら水で洗いながら傷口をしぼり洗いし、抗ヒスタミン剤が入った軟膏をぬっておこう。もしも息苦しさや吐き気を感じることがあれば、すぐに病院へ行く。

QUIZ クイズ

Q.クマバチの特徴でまちがっているのは？

①オスはテリトリーを持つ
②攻撃的な性格
③体が大きくて丸い

こたえは次のページ

見た目はかわいらしいが油断禁物

アオバアリガタハネカクシ

居住地
公園・都市緑地
山
水中
沖縄

データ

名前	アオバアリガタハネカクシ	種族	昆虫	体長	6〜7㎜
生息地	日本全国				

こたえ ②攻撃的な性格

危険度

毒の強さ

遭遇率

特に夕方から夜にかけて出会うことが多い。光に集まる性質があるため、光を使ったクワガタ採集の際に出会うこともある。また夜の自動販売機前に来ていたりすることもあるので、つぶさないように注意したい。

体型はアリそっくりだが、頭から下腹部に向かってパーツごとに黒、だいだい色、黒、だいだい色、黒と交互に色分けされているのが特徴だ。田んぼなどの水辺に生息していることも多いため、人家の近くに現れることもある。他の昆虫を食べるため、田んぼにとっては役に立つ益虫となる面もあり、積極的に人をおそうこともない。しかし、危険なのは、その体液だ。体液にはペデリンという毒がふくまれており、素手でつぶしたり、手で払おうとした際にあやまってつぶれたりすると非常に危険だ。皮ふがミミズばれのような症状におそわれ、目に入っても一大事。小さいからと言ってあなどってはならない。被害は６月～８月に集中する傾向があるぞ。

対処法

もしもさわったら

毒液をさわってもすぐに症状は出ないが、しばらく時間が経ってからミミズばれなどの症状が現れる。毒液がついても痛みがないからと放っておかずに、すぐに水で洗い流すようにし、症状がひどい場合は病院へ行くようにした方がいい。

QUIZ クイズ

Q. アオバアリガタハネカクシの毒はどこにある？

①体の中　②口の中　③針の中

こたえは次のページ

さわるなキケン！黒きコウチュウ

ツチハンミョウ類

身近な昆虫だが毒成分を持つ

データ

名前 なまえ	ツチハンミョウ類	種族 しゅぞく	昆虫	体長 たいちょう	7〜23㎜
生息地 せいそくち	日本全国				

こたえ ①体の中

危険度

毒の強さ

遭遇率

主に春先から初夏にかけて、草地や林に現れる。成虫は草食性で、地面を歩いて移動しているところをよく目撃する。その姿は女王アリを思わせるような体つきだ。毒虫なので見つけても決してさわってはならない。

ツチハンミョウ類は、ヒメツチハンミョウ、オオツチハンミョウ、メノコツチハンミョウ、マルクビツチハンミョウなど、様々な種類が生息しているが、一部のツチハンミョウは変わった生態を持っている。単独で暮らすハナバチの仲間につかまって巣の中に侵入し、巣の中にあるハナバチの卵や花粉などを食べて成長するのだ。そんなツチハンミョウの危険は、彼らが持つ体液。つぶしたり刺激したりすると、体から体液を出すが、この体液が毒なのだ。カンタリジンという成分がふくまれていて、皮ふにふれるとやけどのときのような水ぶくれになるため、素手でさわってはならない。ツチハンミョウが死んでも毒はなくならないので、死がいも注意が必要だ。

対処法

もしもさわったら

ツチハンミョウの体から出てくる体液をさわると、そこにふくまれるカンタリジンという成分によって水ぶくれが出てしまう。もしさわってしまった時はすぐにきれいな水でよく洗おう。もしもひどくなるようであれば、病院に行ってみてもらうように。

QUIZ クイズ

Q. ツチハンミョウのメスが産む卵の数は？

①300個くらい
②3000個くらい
③30000個くらい

こたえは次のページ

KEEP OUT KEEP OUT

人間にもかみつく大型のアブ

ウシアブ

するどい口で皮ふを切り裂いて吸血

居住地
公園・都市緑地
山
水中
沖縄

データ

名前	ウシアブ	種族	昆虫	体長	17～25㎜
生息地	沖縄をのぞく日本全国				

こたえ ②3000個くらい

危険度

毒の強さ

遭遇率

牧場などの、動物が多いところで見かけることが多いアブの仲間。初夏に発生し、朝や夕方の涼しい時間帯に多く活動している。動物の血液を食料としているので、何もしなくても近寄ってくるぞ。

アブの仲間は日本だけで100種以上が知られているが、動物の血液を吸うのはその中でもごく一部の種類だ。ウシアブはアブの種類の中でも比較的大きく、ウシやブタといった家ちくなどをおそう。アブは力の仲間とちがい、動物の皮ふを傷つけて染み出してきた血を飲んでいる。皮ふを切られるため強い痛みがあり、その後にはれてくることがある。はれやかゆみの出方は人によって異なるが、長いと2週間～3週間苦しめられるので、かまれないように気をつけたい。はれは、ときに熱を持つこともあるほどだ。一方、幼虫はミミズなどを食べる肉食性だ。アブはハエの仲間なので幼虫はウジ虫のような形をしている。

対処法

もしもかまれたら

アブがいそうな場所に行くときは虫よけスプレーが効果的。かまれた部分がかゆくなっても、かきむしらないようにしよう。化膿したりするなど、症状が悪化する可能性がある。症状がひどく出るようであれば、やはり病院でみてもらおう。

クイズ

Q. アブはいつの季語？
①春　②夏　③秋

こたえは次のページ

KEEP OUT KEEP OUT KEEP OUT

居住地
公園・都市緑地
山
水中
沖縄

トビズムカデの青き亜種

アオズムカデ

日本が産んだ強力なムカデ

データ

名前	アオズムカデ	種族	多足類	体長	6〜10㎝
生息地	北海道をのぞく日本全国				

こたえ ①春

危険度

毒の強さ

遭遇率

トビズムカデと同様に温度が安定していて湿度が高いところを好む。朽ち木の下などの条件の良いところに隠れていることが多い。主に4月～10月に活動するが、真夏は活動がややにぶる傾向にあるようだ。

60ページのトビズムカデと比べると体が青色をしているのがアオズムカデだ。足は、黄色やオレンジ、青色など、個体によって多少ちがっている。トビズムカデよりもやや小さめでスマートな体つきをしているが、それでも大きいもので約10cmにもなるのだ。小さいからといって、あなどってはならない。同じように毒を持っているため、かまれると激痛が走り、はれや皮ふの炎症を生じる。重症の場合は、1週間痛みが続き、発熱することも。また、重いアレルギー症状を引き起こすこともあるので、心配な場合はすぐに病院へ行くようにしよう。見かけたら、かまれないように、素手でさわることはさけて、タオルやわりばしなどを使って排除するといいだろう。

対処法

もしもかまれたら

トビズムカデと同じように、かまれたら43～46℃くらい（お風呂のお湯よりも少し熱いくらい）のお湯で傷口を洗おう。抗ヒスタミン剤入りの軟膏をぬって、痛みや炎症がひどい場合は病院へ行くのがベスト。

QUIZ クイズ

Q. 子どものムカデが育つために母ムカデがすることは？

①卵を背中に乗せて守る
②卵を口の中に入れて守る
③卵を抱いて守る

こたえは次のページ

KEEP OUT KEEP OUT

ミクロの世界の恐ろしい殺し屋

データ

名前	ツツガムシ	種族	ダニ類	体長	0.2〜0.3mm
生息地	日本全国				

こたえ ③卵を抱いて守る

危険度

毒の強さ

遭遇率

ツツガムシが媒介するツツガムシ病という感染症が恐れられている。この病気はツツガムシの幼虫が運ぶため、幼虫の発生する時期に特に注意が必要だ。おおむね春～初夏と、秋～初冬にピークがある。

ツツガムシと一言で言っても、実際は1種類ではない。日本でツツガムシ病を運んでくる可能性があるのは、アカツツガムシ、タテツツガムシ、フトゲツツガムシの3種類だ。かつてはアカツツガムシが媒介するタイプの感染症が6月～9月ごろに多く見られていたが、現在はその傾向はなく、春～初夏と秋～初冬に感染、発症することがほとんどとされる。ツツガムシ病にかかると、5日～14日ほどで全身に発疹が現れ、高熱が出て、最悪の場合死に至ることもあるのだ。河川の下流域の草むらに多く生息するようだ。幼虫の体長はとても小さく、発見するのはなかなかむずかしい。長そで、長ズボンなどの肌を出さない服装で予防しよう。

対処法

もしも刺されたら

刺されてもすぐには気づかず、感染した場合は潜伏期間が5日～14日ほどある。ツツガムシによる刺し跡も残るため、発疹、高熱、刺し跡の3つが、ツツガムシ病の典型的な症状として観察される。怪しい症状が出たら、すぐに病院へ。

QUIZ クイズ

Q. ツツガムシ病の原因となる菌の名前はなに？

①ルッコラ　②ラッセル
③リケッチア

こたえは次のページ

KEEP OUT KEEP OUT

毒の強さはハブの2倍!!

マムシ

年平均4人を殺す毒蛇代表!

居住地
公園・都市緑地
山
水中
沖縄

データ

名前 なまえ	マムシ	種族 しゅぞく	爬虫類	体長 たいちょう	40〜65㎝
生息地 せいそくち	沖縄をのぞく日本全国				

こたえ ③リケッチア

危険度

毒の強さ

遭遇率

色は地域ごとに変異があり、赤っぽいもの、黒っぽいものなど多少の変化がある。基本的には茶色で、銭形模様が入っているのが特徴。毒牙は注射器のようになっており、獲物にかみつくと、毒を相手の体内へ注入する。

日本に生息するマムシは２種。北海道～九州に生息するニホンマムシと、長崎県の対馬に生息するツシマママムシだ。山や田んぼがあるような環境に生息し、比較的、身近な毒ヘビといえる。多くのヘビは卵で増えるが、マムシの場合は、卵をお腹の中でかえし、仔ヘビの状態で産み落とされるという特徴がある。また、暗やみでも体温を可視化してみることのできるピットというセンサーも持っている。そして獲物だと判断すると、目にも止まらぬ速さで飛びかかるのだ。年平均４人が、その毒により亡くなっている。しかし、あえて向こうからおそってくることはないので、ふんだりしないように注意しよう。

対処法

もしもかまれたら

多くの場合、かまれてから約30分で大きくはれ、動くのが辛くなる。万が一かまれた場合は、すぐにでも病院へ行ける手段を選び、一刻も早くたどり着かなければならない。その際、はれると外れなくなってしまうため、腕時計や指輪などは外すようにすること。

QUIZ クイズ

Q.マムシの特徴はどれ？
①全身がシマ模様
②全身に銭形はん紋
③お尻にハート模様

こたえは次のページ

KEEP OUT KEEP OUT

おっとりしてても毒はある！

ニホンヒキガエル

イボイボの皮ふから染み出す毒液

データ

名前	ニホンヒキガエル	種族	両生類	体長	8〜15cm
生息地	本州（西日本）、四国、九州				

こたえ ②全身に銭形はん紋

危険度

毒の強さ

遭遇率

アズマヒキガエルと同様に、体がイボのようなボツボツがある丈夫な皮ふでおおわれていることから「イボガエル」の異名を持つ。おそわれると、目の後ろにある耳腺という場所から、乳白色の毒を分泌する。

68ページのアズマヒキガエルは東日本に生息しているが、このニホンヒキガエルは西日本に生息している。どちらも姿はよく似ているが、住んでいる地域で判断することができる。見た目も生態もアズマヒキガエルに近く、林の中や、池や田んぼなどの湿地で見かける。ずっしりとした動き方で、あまりはねることもなく、ニホンヒキガエルがおそってくるということはないだろう。ただし、こちらからつかむのは要注意。耳腺から出す毒が手につき、目をこするなどすると危険だ。目に染みてのたうちまわることになるぞ。さわらずに観察するようにしよう。ちなみに、エサとしてコオロギなどの小さな昆虫をつかまえて食べるぞ。

対処法

もしもさわったら

さわったあとは、かならず手を洗うこと。もし毒液が直接目に入ってしまった場合は、すぐに水洗いする。この時、洗面器にためた水ではなく、水道の蛇口に目を近づけてジャブジャブと洗い流すほうがいい。目に入った場合は、病院でみてもらうようにしよう。

QUIZ クイズ

Q.ヒキガエルの仲間につけられたあだ名は？
①ガマガエル
②ガマノガエル
③ガマンガエル

こたえは次のページ

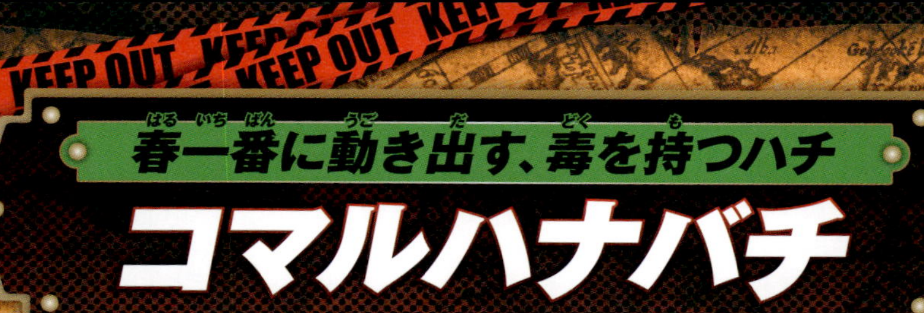

春一番に動き出す、毒を持つハチ

コマルハナバチ

フワフワキュートだが立派なハチ

データ

名前	コマルハナバチ
種族	昆虫
体長	女王バチは16〜26mm 働きバチは9〜18mm
生息地	沖縄をのぞく日本全国

こたえ ①ガマガエル

危険度

毒の強さ

遭遇率

オスは全身があざやかなレモンイエローなのに対して、メスは体が黒くてお尻の先だけが黄色い。働きバチの大きさは、ミツバチと同じか少し大きい程度。性質もおとなしいが、つかめば刺されるのでいたずらはやめよう。

日本に幅広く生息し、春先になると、公園のツツジの花などにもやってくる小さなハチ。女王バチや働きバチは全身がボサボサの黒い毛でおおわれ、お尻の先だけ黄色くなっている。5月～6月ごろに現れるオスバチは全身が黄色く、見た目はとてもかわいらしい。巣は土の中などの狭いところに作られるため、なかなかお目にかかることはない。攻撃してくることはほとんどない、とてもおとなしいハチだが、ハチはハチだ。当然刺されれば強い痛みがあるし、体質によっては重いアレルギー反応を起こすこともあるので、好奇心で巣を刺激したり、つかまえたりすることはやめておいた方がいいだろう。ちなみにエサは、花粉や花の蜜である。

対処法

もしも刺されたら

身近な公園の花などに現れるので、まずつかんだりすることがないようにしたい。まちがえてつぶしてしまったりすると刺されることがある。刺されたら傷口を水でしぼり洗いし、抗ヒスタミン軟膏をぬっておこう。様子を見て、息が苦しくなったりするなどがあれば一刻も早く病院へ！

QUIZ クイズ

Q.ハナバチの仲間で実際はいないのは？

①ホソマルハナバチ
②ナガマルハナバチ
③オオマルハナバチ

こたえは次のページ

KEEP OUT KEEP OUT

KEEP OUT KEEP OUT

赤と黒の横綱

ヨコヅナサシガメ

居住地
公園・都市緑地
山
水中
沖縄

データ

名前	ヨコヅナサシガメ	種族	昆虫	体長	16～24㎜
生息地	本州、四国、九州				

こたえ ①ホソマルハナバチ

危険度

毒の強さ

遭遇率

春から秋にかけて、身近な公園のサクラの木などの幹で見られる昆虫。冬は木にあいた穴の中などで冬越しをしている姿を見ることもできる。さわらなければ大丈夫だが、刺されるとかなり痛むようだ。

カメムシの仲間はとても幅広い。草や木の汁を吸うカメムシの仲間の一部は、臭いにおいを出すことでも有名だが、セミも、このサシガメもカメムシの仲間だ。サシガメは他の昆虫をおそって食べるのだが、食べ方はとても特殊だ。するどい針のような口を持っていて、相手の体に突き刺し、体液を吸う形で食事をとっている。人を食べようとすることはないが、もしもつかまえられたりすれば、抵抗して、そのするどい口で刺してくるだろう。つかまなければ心配ないが、万が一刺されるとかなり痛みがある。見つけても素手でつかまないように。ヨコヅナサシガメはお腹の側面にある、相撲取りがつける綱のような、白と黒のしま模様が特徴的だ。

対処法

もしも刺されたら

つかまなければ刺されないので、素手でふれないようにしよう。万が一刺されても、基本的に重症にはならないが、場合によってはれやかゆみが出ることはあるようだ。刺されたら傷口を洗って清潔にし、薬をぬって、心配な場合は病院でみてもらおう。

QUIZ クイズ

Q.ヨコヅナサシガメはどこの国からきたか？

①ロシア　②中国

③アメリカ

こたえは次のページ

アリのような見た目の立派なハチ

アリバチ

データ

名前	アリバチ	種族	昆虫	体長	12〜15㎜
生息地	沖縄をのぞく日本全国				

こたえ ②中国

危険度

毒の強さ ☠☠☠

遭遇率 ☠☠☠

オスにはハネがあるが、メスにはハネがなく、見た目はアリにそっくり。アリバチはハナバチやアナバチの巣に侵入して産卵。生まれてきた幼虫はその宿主を食べて育つという、寄生性のハチなのだ。

日本では17種が発見されているアリバチ。オスはハネがあるがメスはハネがなく、一見するとアリのようだが、アリではない。アリバチの一部は寄生する性質を持っており、マルハナバチなどのハナバチや、アナバチ、クモバチなどの巣に侵入し、卵を産みつける。そして生まれてきた幼虫はその宿主を食べて大きくなるのだ。中には、ハナバチの巣を全滅させてしまうこともある。しかし、その生態がまだまだ解明されていない種類も多い。珍しいアリだと思ってつかまえて刺されると、種類によっては強い痛みをともなうから危ないぞ。スズメバチのように集団でおそわれることはないが、つかまえて刺されることがないように注意しよう。

対処法

もしも刺されたら

アリバチからおそってくることはないので、もし見つけても見過ごそう。刺されたら、傷口を水でしぼり洗いして、抗ヒスタミン剤入りの軟膏をぬっておこう。毒そのもので命を落とすことはないが、人によってはアレルギー反応が出る可能性がある。その場合は病院へ急ごう。

QUIZ クイズ

Q.アリバチの別名で合っているのは？

①ブロードバンド

②ベルベットアント

③ジャイアントアント

こたえは次のページ

KEEP OUT KEEP OUT

野菜畑で遭遇する毒虫

マメハンミョウ

皮ふをただれさせる体液にふれるな

居住地
公園・都市緑地
山
水中
沖縄

データ

名前	マメハンミョウ	種族	昆虫	体長	15mm
生息地	沖縄をのぞく日本全国				

こたえ ②ベルベットアント

危険度

毒の強さ ☠☠☠☠☠

遭遇率 ☠☠

7月〜9月にかけて草地や畑などに現れ、野菜の葉を食べる害虫。大豆などの豆類やジャガイモ、ナスといった野菜類の葉も好物である。幼虫はイナゴやバッタの卵を食べ、益虫としての面もある。

頭の部分は赤く、黒い胸と背中には、白または灰色のラインが入っているのがマメハンミョウ。エダマメなどの豆類の葉を食べるので、農家からは害虫として嫌われている。さわると体の節の部分から黄色い液体を出してくるぞ。この液体にはカンタリジンという有毒成分がふくまれていて、皮ふにつくと水ぶくれになるからさわらないようにしよう。頭が赤で体が黒の昆虫というと、ホタルに似ているが、まちがってつかまえようとすると毒の被害にあうからしっかりと見きわめよう。体の中に毒を持っているため、鳥も食べようとしない。外敵が少ないから優雅に食事を楽しんでいる。ちなみに、似た名前でもハンミョウ科のナミハンミョウという昆虫には毒はない。

対処法

もしもさわったら

畑に生息しているので、農作業中の被害が多い。うっかりさわらないように注意しよう。体から分泌された液体をさわってしまったら、水で洗い流して、ステロイド成分が入ったぬり薬をぬるといい。炎症がひどくなってしまった場合は、皮ふ科でみてもらおう。

QUIZ クイズ

Q.マメハンミョウを何匹食べると人は死んでしまうでしょうか？

①2匹くらい　②30匹くらい

③50匹くらい

こたえは次のページ

ひときわ細長い体が特徴

ホソアシナガバチ

葉っぱのうらにひそんで住む忍者バチ

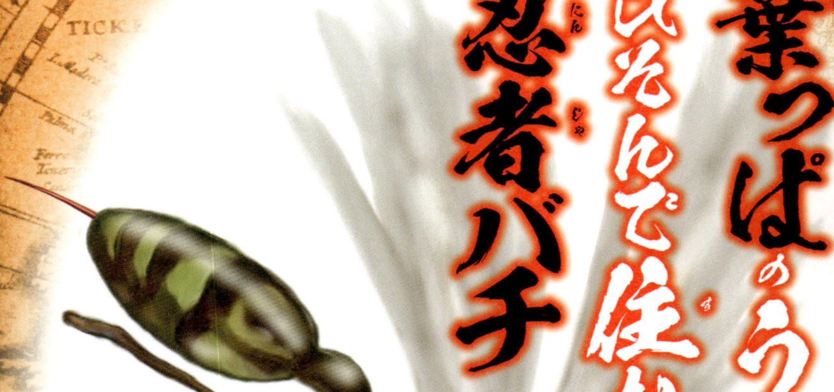

居住地
公園・都市緑地
山
水中
沖縄

データ

名前	ホソアシナガバチ	種族	昆虫	体長	女王バチは16～18㎜ 働きバチは11～15㎜
生息地	本州、四国、九州				

こたえ ①2匹くらい

危険度

毒の強さ

遭遇率

雑木林の木や草むら、寺社、民家の軒下など外敵に見つかりにくい場所に巣を作り、昆虫やアオムシ、毛虫などを食べて育つ。やや攻撃的な性質で巣を荒らされると集団でおそいかかってくるので要注意。

日本で多く見られるのは、ムモンホソアシナガバチと、小ぶりのヒメホソアシナガバチの２種。アシナガバチの中でも特に細身な体が特徴の一つだ。どちらも木の葉っぱのうらに巣を作ることがあって気づきにくいため、急に出くわしてしまうこともあるかもしれない。アシナガバチなので、やはり巣を刺激されると集団になっておそいかかって毒針を突き刺してくる。刺されると当然、痛い目を見ることになり、重いアレルギー症状が起きなくても、１週間～２週間は痛がゆさが残る。アシナガバチの仲間はスズメバチに比べればおとなしいが、気づかずに巣を刺激して刺されることが多い。生垣などを不用意にいたずらしないようにしよう。

対処法

もしも刺されたら

もしも巣を刺激してしまったら、とにかく急いでその場をはなれよう。刺されたときは傷口を水でしぼり洗いし、抗ヒスタミン軟膏をぬろう。アレルギー症状が出てきり、はれがひどくなったりしてしまったときはすぐに病院へ。

QUIZ クイズ

Q.ホソアシナガバチの特徴は？
①葉のうらに巣をつくる
②木の中で巣をつくる
③土の中に巣をつくる

こたえは次のページ

トビズムカデの赤き亜種

アカズムカデ

不気味な赤い頭と足を持つ毒ムカデ

データ

名前	アカズムカデ	種族	多足類	体長	5～7cm
生息地	本州、四国、九州				

こたえ ①葉のうらに巣を作る

危険度

毒の強さ

遭遇率

体は緑がかった茶色で頭と足はあざやかな赤茶色のド派手なムカデ。するどい牙を持ち、つかまえたり、刺激するとかみついてくる。昼は石の下などで眠り、夜になるとエサを探して歩き回り、木に登ることもある。

アカズムカデは本州、四国、九州に生息するトビズムカデの赤い亜種とされるムカデだ。夜行性なので昼間は石や朽ち木、落ち葉の下などのジメジメした、温度の安定したところを好んでいるのは、60ページのトビズムカデと同じ性質だ。夜になると活発になり、他の昆虫をおそって食べる。こちらから何もしなければ攻撃されることはないが、つかまえようとしたり、石などをひっくり返したときにいてつぶしてしまったりすると、反撃してくるので気をつけよう。やはり毒があるので、かまれたときには激痛におそわれ、はれや皮ふの炎症を生じる。重いアレルギー症状を引き起こすこともあるので、心配な場合は病院へ行こう。

対処法

もしもかまれたら

トビズムカデと同じように、かまれたら、43～46℃くらい（お風呂のお湯よりも少し熱いくらい）のお湯で傷口を洗おう。抗ヒスタミン剤の入った軟膏をぬって、痛みや炎症がひどい場合は病院へ行くのがベスト。

QUIZ クイズ

Q.世界最大のムカデは何cm？

①40cmくらい

②80cmくらい

③120cmくらい

こたえは次のページ

巣を守るため命がけで毒針を刺す

ニホンミツバチ

小さいけれどあなどってはダメだ!

データ

名前	ニホンミツバチ
種族	昆虫
体長	女王バチは17～19㎜ 働きバチは10～11㎜
生息地	本州、四国、九州

こたえ ①40㎝くらい

危険度

毒の強さ

遭遇率

毒針に釣り針のような返しがあり、刺すと針と一緒に毒の入った内臓が取れて、死んでしまう。ハチにとって「攻撃＝死」なので、攻撃性は高くないが、巣を刺激すれば刺してくるぞ。スズメバチより群れの働きバチ数は多い。

セイヨウミツバチは明治時代のはじめに外国から連れてきたハチだが、ニホンミツバチは昔から日本に住む在来種だ。セイヨウミツバチと比べると、やや小ぶりでおだやかな性格をしている。人をおそうことはめったにないが、油断は禁物だぞ。中がくさって空洞になった木の中に巣を作っていることもあり、キャンプ場のわきなどで見かけることもある。そんな巣を刺激すれば、巣を守ろうと何匹も同時におそってくることもある。スズメバチほどではないが、刺されればそれなりに痛いし、人によっては重いアレルギー症状を起こすこともあるから危険。刺された場所は、真っ赤にはれあがるぞ。巣を見つけたら注意が必要だ。

対処法

もしも刺されたら

ミツバチの毒針は返しがついていて、刺されたところに針と毒の入った内臓が残る。そのまま放っておくと毒が注入され続けるので、指ではじいて針と内臓を取ってしまおう。取った後は水でしぼり洗いし、心配なら病院へ行くようにしよう。

QUIZ クイズ

Q.ニホンミツバチが刺せる回数は？

①1回　②3回

③何回でも刺せる

こたえは次のページ

KEEP OUT KEEP OUT KEEP OUT

黒い牙でかみつき毒液を注入する

カバキコマチグモ

居住地
公園・都市緑地
山
水中
沖縄

日本でもっとも被害の多い毒グモ

データ

名前 なまえ	カバキコマチグモ	種族 しゅぞく	クモ類	体長 たいちょう	10〜15mm
生息地 せいそくち	沖縄をのぞく日本全国				

こたえ ①1回

危険度

毒の強さ

遭遇率

毒を持っており、かまれると強い痛みが現れる。メスはイネ科の植物の葉を巻いて巣を作り、その中で産卵する。イネ科の植物の巻かれた葉っぱをおもしろ半分に開けると、被害を受けることがある。

初夏のころ、ススキなどイネ科の植物の葉っぱが、クルクルと巻かれているのを見かけることがある。その時、おもしろがって開いてはいけない。それはカバキコマチグモの巣である可能性があるからだ。カバキコマチグモは、黒い牙を持つ猛毒クモ。葉っぱを糸で巻いて家を作り、その中に卵を産みつける。この時、好奇心にまけて巣をこわすと中から親が飛び出し、かみついてくるからご用心。火を押しつけられたような、針でえぐられたような刺激が走り、激痛を味わうことになる。傷口はただれ、最悪の場合は死に至ることもある。ちなみに卵からかえった子グモは側にいる母クモを食べてしまう。子どもを丈夫に育てるために、母は体を差し出すのだ。

対処法

もしもかまれたら

万が一かまれると、激痛が走り、水ぶくれや潰瘍を引き起こす。また、重症の場合は頭痛や吐き気が出ることも。日本ではこのクモにかまれての死亡例はないとされているが、かまれたときは水で傷口を洗い、心配なら病院へ行くようにした方が賢明だ。

QUIZ クイズ

Q.カバキコマチグモの子どもは何を食べる？

①子グモ　②父グモ

③母グモ

こたえは次のページ

ネズミの穴を間借りする地中ハチ

トラマルハナバチ

かわいいけれど刺す時は本気!

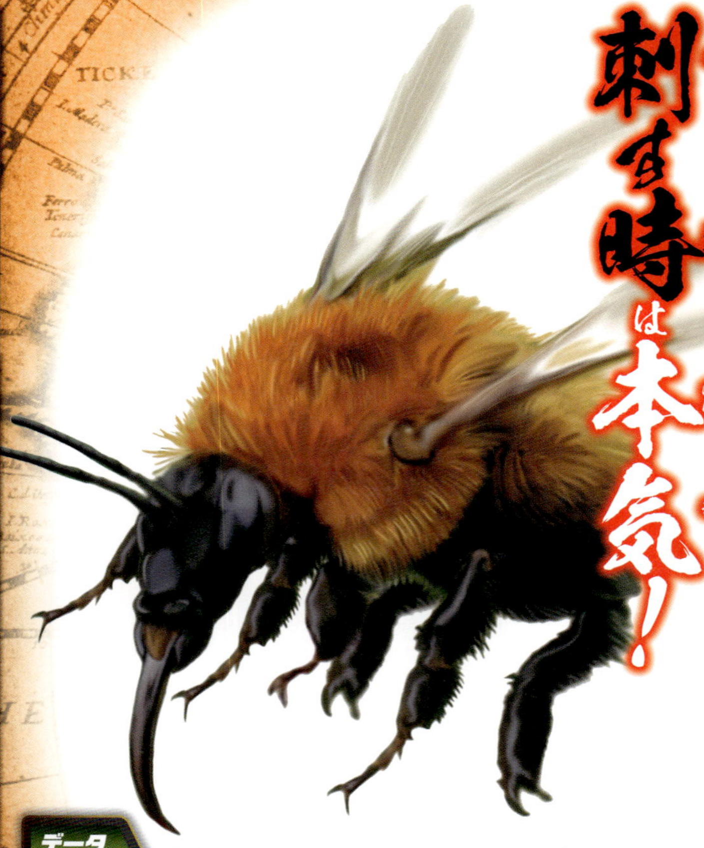

居住地
公園・都市緑地
山
水中
沖縄

データ

名前	トラマルハナバチ	種族	昆虫	体長	女王バチは20～24mm 働きバチは22mm
生息地	北海道、本州、四国、九州				

こたえ ③母グモ

危険度

毒の強さ ☠☠☠

遭遇率 ☠☠☠☠☠

春先に冬眠から目覚めた女王バチが、地中に空いたネズミの穴などに巣を作って子育てをする。攻撃されると、毒針で反撃してくるので油断は禁物だ。毒性は弱いが痛みは激しい。遊び半分でつかまえたりしないように。

全身が明るいオレンジ色の毛におおわれ、お尻の先端が黒く、見た目はコロッとしてかわいらしい。日本でもっとも遭遇しやすいマルハナバチの一つだ。平地から山地に生息し、春先になると、女王バチが地中に空いたネズミの古穴や、倒れた木の下など隠れた場所に巣を作って子育てをはじめる。働きバチが集まるのは花。アザミ、ソバ、サクラソウ、ツリフネソウ、イカリソウなどの花粉を集めて幼虫に与える。性質はおだやかなので、巣を刺激したり、つかまえようとしないかぎり、向こうからおそってくることはない。しかし、万が一刺されれば痛い思いをすることになるので注意すべし。刺さないコマルハナバチのオスと似ているので、それとまちがえないように。

対処法

もしも刺されたら

毒性は強くないが、刺されたら患部を水でですしぼり洗いしよう。体質によってはアレルギーが出る場合がある。心配な場合は無理せず病院へ行こう。つかまえようとしない限りおそってこないので、見つけたら静かに観察しよう。

QUIZ クイズ

Q.トラマルハナバチは他のハナバチよりどこが長い？

①触覚　②舌　③足

こたえは次のページ

KEEP OUT KEEP OUT

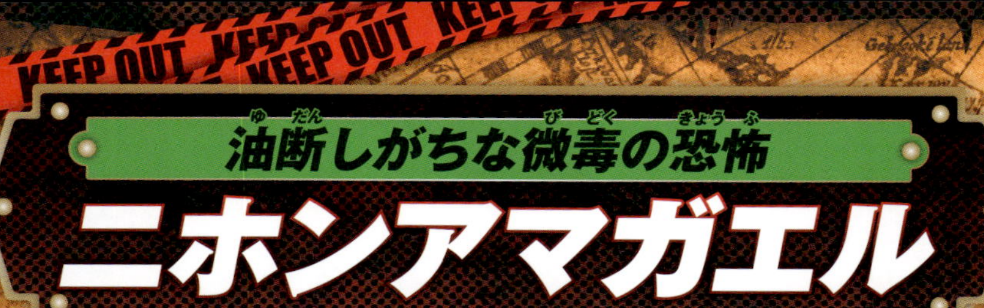

油断しがちな微毒の恐怖

ニホンアマガエル

居住地
公園・都市緑地
山
水中
沖縄

データ

名前	ニホンアマガエル	種族	両生類	体長	2〜3㎝
生息地	北海道、本州、四国、九州				

こたえ　②舌

危険度

毒の強さ

遭遇率

日本各地で見られる見た目はかわいらしいニホンアマガエルだが、意外と油断しがちな微毒を持っている。学校帰りに遭遇する確率はとても高い。身近な彼らだけど、注意をはらう必要があるのだ。

雨が降った後や、田んぼや川などでよく見かける小さなニホンアマガエル。かわいらしい見た目なので、つかまえて遊んだりしたことがある者も多いだろうが、実は危険がひそんでいるのだ。いつも湿った環境に住むため、繁殖しやすい菌に負けないための微毒を粘膜にまとっているのだ。そのため、ニホンアマガエルをさわり、粘液がついた手で目をこすったりすると、痛い目を見ることになる。手にちょっとつくくらいは大丈夫だと思って油断しないように。ニホンアマガエルに限らず、動物をさわった後は手を洗った方がいい。特にカエル類は微毒をまとっているものが多いので、なおさらだ。

対処法

もしもさわったら

ニホンアマガエルがまとっている毒は弱い毒ではあるが、傷がついた手や、目や口に入ると痛みや炎症を引き起こすぞ。これは、その毒に細胞を溶かす働きがあるからだ。傷ついた手ではさわらない、またさわった後は目や口にふれることはせず、かならず手を洗おう。

QUIZ クイズ

Q.アマガエルの特殊能力は？
①体の色を変える
②体を固くする
③体から水をはじく

こたえは次のページ

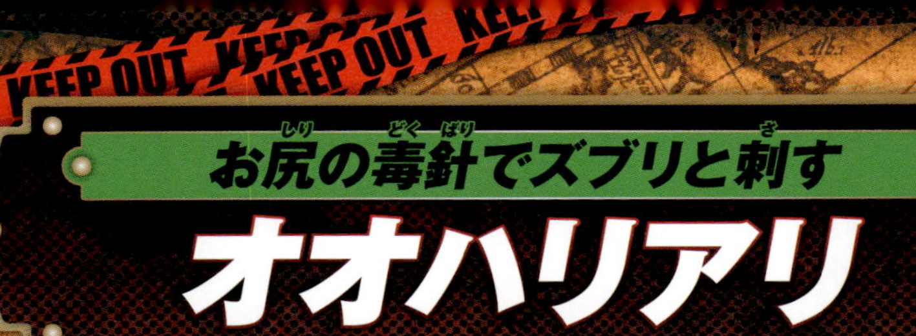

お尻の毒針でズブリと刺す

オオハリアリ

小さいが恐れ知らずの黒いハンター

データ

名前	オオハリアリ	種族	昆虫	体長	4㎜
生息地	本州、四国、九州				

こたえ ①体の色を変える

危険度

毒の強さ

遭遇率

体長はわずか4mmほどしかないが、尾の端に毒針を持っており、危険を察知すると自分の何百倍も大きな生物にもひるむことなく針を突き刺す。肉食性でシロアリや他の昆虫をおそってエサとしている。

体は細長く光沢のある黒色で、大あご、触覚、脚がやや茶色を帯びているのが特徴。朽木や落ち葉の中、家屋の木材などに住みつく、比較的どこにでもいるアリだ。しかし、油断してはいけない。刺激されたりするようなことがあれば、自分の何百倍ある相手でも、撃退しようといどんでくる。かわいいアリだと思って油断してつかまえると、おしりの先にある毒針で刺されることがある。家の中まで侵入して人を刺した例もあるので注意が必要だ。

刺されるとつよい痛みとかゆみに襲われるので、十分気をつけてほしい。

対処法

もしも刺されたら

身近な場所に生息していることが多いので、つかまえる時はオオハリアリでないかどうかを確認しよう。刺されると強い痛みを感じ、はれやかゆみが現れる。傷口の水洗いや抗ヒスタミン剤入り軟膏で応急処置をするようにし、症状が重い場合は病院へ。

QUIZ クイズ

Q.アリは何の仲間？

①アリバチ

②スズメバチ

③シロアリ

こたえは次のページ

タラの芽とまちがえないで!

ヤマウルシ

最凶かぶれ植物ウルシの代表格

データ

種類：植物
高さ：2～8m
分布：沖縄をのぞく日本全国

危険度

毒の強さ

遭遇率

若芽の時は、タラの芽にも似て見えるので注意が必要だ。ヤマウルシにはトゲがなく、タラノキにはトゲがある。

対処法

もしもさわったら

かぶれたところを早く洗い流し、抗ヒスタミン剤が入ったステロイド軟膏をぬる。かゆくてもかかないこと。なかなか治らない場合は皮ふ科でみてもらおう。

ふれるとかぶれる植物として、もっとも有名と言っても過言ではないウルシ。葉が生える葉軸が赤いことを覚えておけば、近づくことを回避できる。その毒成分であるウルシオールなどは樹液にふくまれており、ふれるとかぶれるぞ。秋には美しく紅葉するが、近づく際は長そでや手袋などで防御しよう。

こたえ　②スズメバチ

近くを通るだけでかぶれる!?

ツタウルシ

かぶれ植物 ウルシの中でも毒性MAX!

データ

種類：植物
分布：沖縄をのぞく日本全国

危険度

毒の強さ 

遭遇率 

ウルシの中でも毒性が強く、それでいて美しいツタウルシ。紅葉を愛でる時には十分気をつけて。

対処法

もしもさわったら

かぶれたところを早く洗い流し、抗ヒスタミン剤が入ったステロイド軟膏をぬる。かゆくてもかかないこと。なかなか治らない場合は皮ふ科でみてもらおう。

ウルシにはたくさんの種類があるが、ツタウルシは毒性が強く、びんかんな人は近くを通るだけでもかぶれを起こしてしまうほどの強力な毒性を持つ。毒成分はウルシオールなど。茎から気根を出し、他の木にからみついてはい上がる。三つの葉がセットで木にからみついた植物には要注意。

ロウの原料はかぶれる植物

ハゼノキ

役に立つけどかぶれる

データ
種類：植物
高さ：3〜10m
分布：本州（関東南部以西）、四国、九州、沖縄

危険度
毒の強さ 💀💀
遭遇率 💀💀💀

暖かい地方に生える落葉高木。かつてはロウを採る目的で栽培されていたが、現在は野生化している。

対処法
もしもさわったら
かぶれたところを早く洗い流し、抗ヒスタミン剤が入ったステロイド軟膏をぬる。かゆくてもかかないこと。なかなか治らない場合は皮ふ科でみてもらおう。

ウルシ科ではあるが、紅葉が美しいため盆栽、庭木、公園でも見られる。とはいえ、樹液にウルシオールをふくみ、ふれるとかぶれるし、びんかんな人は近くを通るだけでかぶれる場合も。その果実は、ローソクやせっけん、クレヨンなどの原料として利用されてきた。木材も工芸品などに使われている。

明るいところによく生えるかぶれ植物

ヌルデ

データ

種類：植物
高さ：3〜10m
分布：日本全国

危険度

毒の強さ 

遭遇率 

ウルシほどではないが、まれにかぶれる。山野に生える落葉小高木で、葉の葉軸の両側にひれがある。

対処法

もしもさわったら

かぶれたところを早く洗い流し、抗ヒスタミン剤が入ったステロイド軟膏をぬる。かゆくてもかかないこと。なかなか治らない場合は皮ふ科でみてもらおう。

ヌルデの名の由来は、幹を傷つけて白い汁を採り、塗料として使ったことから。また、葉にヌルデシロアブラムシが寄生すると、大きな虫癭を作り、そこにふくまれる豊富なタンニンにより、黒色染料の原料になる。このように万能な植物だが、全株にウルシオールをふくむウルシ科ヌルデ属である。

ふれても食してもヤラれる

マムシグサ

植物界のマムシ!?

種類：植物
高さ：50～60㎝
分布：日本全国

危険度

遭遇率

トウモロコシ状の果実は熟すと赤くなり、食べられそうに見えるが有毒なので、注意が必要だ。

対処法

もしも食べたら

口の中がはれて痛むので、すぐに病院へ行くこと。球茎の汁にふれると炎症を起こすこともあるので、皮ふについた場合は早く水で洗い流そう。

サトイモ科テンナンショウ属の多年草。山地や原野の湿った林床に生える。恐ろしい名前の由来は、偽茎にむらさきがかった茶色のまだら模様があり、マムシに似ていると考えられたから。見た目だけではなく、全草にシュウ酸カルシウムの針状結晶がふくまれる有毒植物である。特に球茎の毒性が強い。

性転換する有毒植物

ウラシマソウ

真っ赤な実は猛毒の証

データ

種類：植物
高さ：50～60㎝
分布：沖縄をのぞく日本全国

危険度

毒の強さ

遭遇率

マムシグサと同じく、熟すと赤くなるトウモロコシ状の果実は、食べられそうに見えて有毒なので、注意が必要だ。

対処法

もしも食べたら

口の中がはれて痛むので、すぐに病院へ行くこと。球茎の汁にふれると炎症を起こすこともあるので、皮ふについた場合は早く水で洗い流そう。

サトイモ科テンナンショウ属の多年草。ひょろりと伸びた付属体が、浦島太郎の釣り糸に見立てられて、このように呼ばれることになったという。全草にテンナンショウ属の特徴であるシュウ酸カルシウムをふくむ。小さなときは雄花で、大きくなると雌花に変わる不思議な生態を持つ不気味な花だ。

KEEP OUT KEEP OUT

日本の三大有毒植物の一つ

トリカブト

この毒は即効性あり！

データ

種類：植物
高さ：20～150cm
分布：沖縄をのぞく日本全国

危険度

毒の強さ 💀💀💀💀💀

遭遇率 💀💀

解毒剤がなく、胃洗浄などで毒素を体内から抜き出す処置しかできない。見分けられる知識を身につけろ!

対処法

もしも食べたら

食した場合、口唇や舌のしびれにはじまり、手足のしびれやおう吐、腹痛、げり、不整脈、血圧低下などを起こす。一刻も早く病院へ行こう。

山地の木の陰などを好むトリカブトは、「ブス」の語源にもなったといわれる植物。怪談や神話にも登場する、もっともポピュラーな猛毒種の一つだ。青むらさき色の花は美しいが、全草（特に根）にアコニチンなどといった毒をふくむ。ニリンソウ・ヨモギなどと似ているため、あやまって食べないよう注意。

茎と葉に毒入りのトゲがびっしり

イラクサ

小花とあなどるな! トゲがあるぞ

データ
種類：植物
高さ：40〜80㎝
分布：沖縄をのぞく日本全国

危険度

毒の強さ

遭遇率

ふれると痛みはあるが、命にかかわることはない。そのトゲから、イタイタグサという別名を持つ。

対処法

もしもさわったら

うっかりさわってしまうとトゲが刺さり、激しい痛みを感じて赤くはれる。刺さったトゲはガムテープなどで、そっと取り、水で洗い流して、病院へ行こう。

イラクサ科イラクサ属の多年生植物の総称。やや湿り気のある林床などに生育する。イラクサの茎や葉には、毛のようなトゲがあり、その中にはれや痛みを引き起こすヒスタミンなどが入っている。ふれてしまうとヒリヒリとした痛みが数時間続くのだ。イラクサは「じんましん」の語源でもある。

別名、イチロベゴロシ

ドクウツギ

赤く甘い実にだまされるな！

居住地
公園・都市緑地
山
水中
沖縄

データ

種類：植物
高さ：1～2m
分布：北海道、本州

危険度

毒の強さ ☠☠☠☠☠

遭遇率 ☠☠

現在は駆除されてほとんど生息しないと言われているが、山地などには自生している場合があるので注意。

対処法

もしも食べたら

めまい、頭痛を引き起こし、ひどくなると全身まひとなり、死んでしまうことも。症状が軽ければ下剤などで助かる場合もあるが、医師の対処は必要。

日本三大有毒植物の一つ。高さ1m～2mほどの落葉低木で、花期は春。はじめは赤く、熟すと黒むらさき色になる。実は、あざやかでおいしそうで、実際に甘みがあるという。しかし、コリアミルチンやツチンなどの毒をふくんでいる。なお、茎や葉も有毒。昔は子どもが実を食べて死亡する事故が多かった。

アニメやゲームのキノコのモデル

ベニテングタケ

ポップだけど紛れもない毒キノコ

データ

種類：キノコ類
高さ：10〜24㎝
分布：北海道、本州（中部地方まで）

危険度

毒の強さ

遭遇率

少量では重篤な中毒症状には至らないとされているが、解毒剤はない（病院での処置は胃洗浄のみ）。

対処法

もしも食べたら

食べてから30分〜90分ほどで、げり、おう吐、幻覚などの症状が起きる。たいていは12時間〜24時間で治るが、かならず病院でみてもらうこと。

赤い傘に白い水玉模様のようなイボイボ。アニメやゲームに登場する「毒キノコ」のモデルとなったポップなヴィジュアルを誇ってはいるが、有毒生物であることはまちがいない。主に北半球のシラカバやマツ林に生育。イボテン酸、ムッシモール、ムスカリン、ムスカリジンなどの毒成分をふくんでいる。

KEEP OUT KEEP OUT

KEEP OUT KEEP OUT KEEP OUT

ふれることも危ないザ・毒キノコ

カエンタケ

鬼のツノのような見た目通りの毒性

データ

種類：キノコ類
長さ：5〜15㎝
分布：日本全国

危険度

毒の強さ ☠☠☠☠☠

遭遇率 ☠☠

食用のベニナギナタタケと勘ちがいして誤食する、薬用の植物と勘ちがいして酒に漬けて誤飲するなどの例も。

対処法

もしも食べたら

食べた後10分前後の短時間で腹痛、おう吐、げりなどといった症状が現れる。回復しても、後遺症が残ることもある。すぐ吐き出し、病院で胃洗浄を行うこと。

漢字で表記すると火炎茸（火焔茸）。まさしく火が立ち上るような恐ろしい見た目のままに、きわめて高い毒性を持つ。致死量はわずか3g。さわるだけでも皮ふがただれてしまう。初夏から秋にかけ、広葉樹（ミズナラ、コナラ）の立ち枯れ木の根際などから発生する。毒成分としてはトリコテセン類などをふくむ。

症状が現れるのは6～24時間後

ドクツルタケ

白さは美しいが最凶の猛毒キノコ

データ

種類：キノコ類
長さ：14～24㎝
分布：日本全国

危険度

毒の強さ 💀💀💀💀💀

遭遇率 💀💀💀

シロツルタケやハラタケ科などの白い食用キノコとまちがえる可能性があるので、注意が必要だ。

対処法

もしも食べたら

食べてから6時間～24時間後に腹痛、おう吐、げりが起き、おさまったかと思いきや、およそ1週間後に胃腸に出血症状が現れることも。早めに病院でみてもらおう。

日本で見られる中では、もっとも危険な部類の毒キノコ。初夏から秋に、広葉樹林および針葉樹林の地上に生える。毒成分はアマトキシン類、ファロトキシン類、ビロトキシン類、ジビドロキシグルタミン酸など。その毒性は、一本で一人の命をうばうほど強く、欧米では「破壊の天使（Destroying Angel）」と呼ばれる。

KEEP OUT KEEP OUT

食べられるけど、生では危険!

アミガサタケ

食べられそうだが毒を持つ

データ

種類：キノコ類
長さ：5〜12cm
分布：日本全国

危険度

毒の強さ ☠

遭遇率 ☠☠

調理されたものであっても、アルコールとともに食べると酔いを深め、おう吐の原因になるといわれている。

対処法

もしも食べたら

しっかりと加熱をしてから食べること。なお、シャグマアミガサタケはきわめて高い毒性を持ち、吐き気やげりをはじめ様々な中毒症状起こすので、注意が必要だ。

アミアミの見た目がなんとも特徴的な、アミガサタケ科アミガサタケ属のキノコの一種。春に林内や路傍に生える。フランスやイタリアなどでは食用キノコとして親しまれ、乾燥品やペースト状のものも販売されている。しかし、微量のヒドラジンをふくむために、生で食べることは避けるようにしよう。

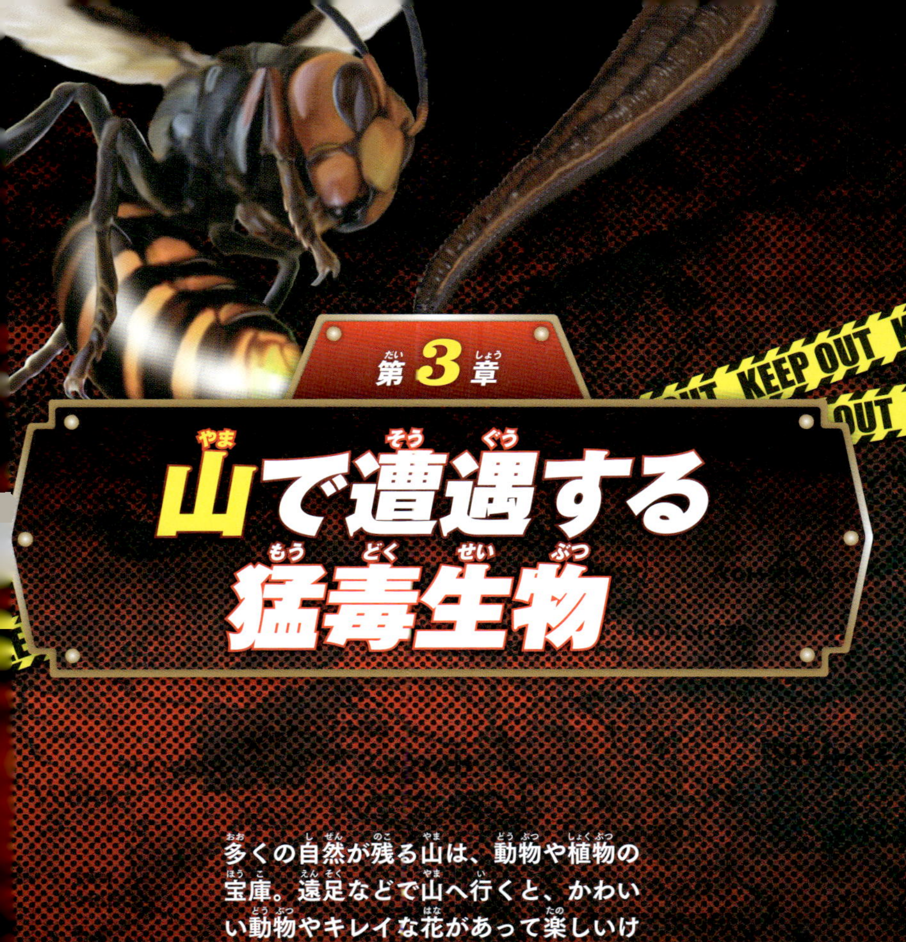

第3章

山で遭遇する猛毒生物

多くの自然が残る山は、動物や植物の宝庫。遠足などで山へ行くと、かわいい動物やキレイな花があって楽しいけど、場所によっては命を落としてしまうほど強い毒を持つ生物たちも……。

KEEP OUT KEEP OUT KEEP OUT

世界最大のスズメバチ！

オオスズメバチ

居住地
公園・都市緑地
山
水中
沖縄

データ

名前	オオスズメバチ	種族	昆虫	体長	女王バチ40～44mm 働きバチ26～38mm
生息地	沖縄をのぞく日本全国				

危険度

毒の強さ 

遭遇率 

キイロスズメバチなど、ほかのスズメバチやミツバチの巣をおそうこともある。幼虫やサナギを略奪して、エサにするのだ。巣は木の洞や土の中などに作る。ひとつの巣には女王バチと100匹～500匹の働きバチが暮らす。

世界最大のスズメバチで、女王バチは4cmを超える。頭が大きくて、かむ力はとても強い。毒も強力だ。巣を見つけても近づかないのはもちろん、とにかく刺激しないように。地域によるが4月下旬ごろから活動をはじめ、巣を作りはじめる。8月ごろには巣が大きく成長してきているので、夏休みシーズンから秋にかけては、特に注意したい。彼らともしすれちがったときは、振り払ったりしないようにし、ゆっくりとその場をはなれよう。しかし、巣を刺激してしまった時は、走ってでも逃げるしかない。また、ハチは黒い色に反応しやすい。黒い服だと、事故につながる可能性が高くなるので、注意しよう。黒い髪や目を狙ってくることも覚えておこう。

対処法

もしも刺されたら

ハチの中でも、刺されたときの痛みは別格だ。熱した釘を刺されたような痛みで、大変な思いをすることになる。万が一刺されたときは、傷口を水でしぼり洗いし、患部を冷やすことで痛みがやわらぐ。もし息苦しいなどの症状があれば、一刻も早く病院へ行くようにしよう。

QUIZ クイズ

Q.オオスズメバチは幼虫に与えるエサをどんな形にしている？

①肉団子　②刺身
③干物

こたえは次のページ

KEEP OUT KEEP OUT

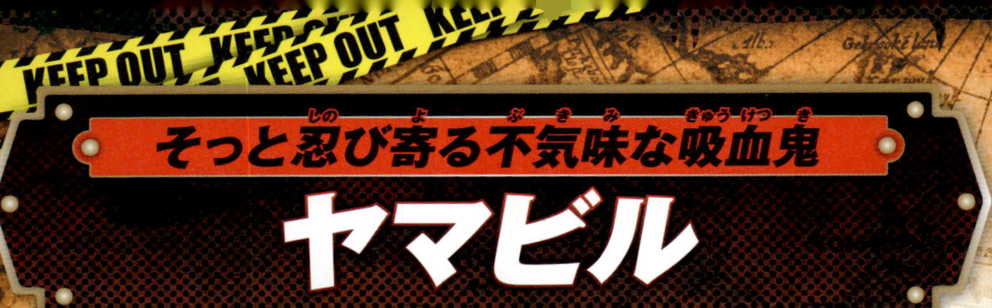

そっと忍び寄る不気味な吸血鬼

ヤマビル

データ

名前	ヤマビル	種族	ヒル類	体長	全長約2cm、伸びると8cm
生息地	岩手・秋田以南の本州、四国、九州、沖縄				

こたえ ①肉団子

危険度

毒の強さ

遭遇率

ジメジメした場所が大好き。たとえば、山や谷間の湿地、湿った草の上や樹木、雨上がりの山道などは要注意だ。どこにでもいるわけではないが、主にシカが多い場所には生息している可能性がある。

服や靴の中に入り込み、皮ふのやわらかいところにつき、血を吸う。こう見えて、動きは意外と素早いぞ。靴に取りついたヒルが、靴下の中にもぐりこむ時間はわずか30秒！　血を吸うときに痛みを感じさせない物質を出すので、ほとんど存在には気がつかない。しかも、血液が固まらないようにする物質も出すので、吸われたあとはなかなか血が止まらない！　吸いつく力がとても強いため、たとえ気づいて引っぱっても、ゴムのように伸びるだけで取るのはむずかしい。満腹になると自然にはがれ落ちる。雨の多い6月～7月に、特に活発になるぞ。ヒルがいそうな場所に行くときは、服のそで、すそ、足元を時々チェック！　塩水スプレーを足元につける予防法もある。

対処法

もしもかまれたら

体にくっついたヒルをはなすには、虫よけスプレー、塩、アルコール、火、ハンドクリームなどを使うといい。はがした後は、傷口をよく洗う。血がすぐには止まらないので、ガーゼなどで止血をしよう。

QUIZ クイズ

Q.血が固まらないよう出す物質の名前は？

①ツルリン　②イソジン

③ヒルジン

こたえは次のページ

他のスズメバチの巣をのっとる！

チャイロスズメバチ

データ

名前	チャイロスズメバチ
種族	昆虫
体長	女王バチ27〜29mm 働きバチ17〜24mm
生息地	北海道、本州

こたえ ③ヒルジン

居住地 公園・都市緑地 山 水中 沖縄

危険度

毒の強さ

遭遇率

性格はとても攻撃的だ。女王バチは単独でキイロスズメバチなどの巣にのりこみ、そこの女王バチを殺して巣を乗っ取ってしまう。バッタやクモなどを狩る。巣に近づいただけで、刺されることがあるぞ。

多くは山地の林の中にいるが、民家の屋根裏や壁の中などで暮らしていることもある。巣を守るためにおそってくる可能性があるので、チャイロスズメバチの巣を見つけても近づかないこと！　チャイロスズメバチの体は黒みがかった茶色で、頭と胸の部分は赤みをおびたオレンジ色をしている。体はほぼすべて同じ色で、しま模様がない。122ページのオオスズメバチよりは小さいが、刺されるともっとも痛いとも言われているぞ！　ほかのハチ同様、体質による重いアレルギー症状が出ることもある。種類を問わず、ハチに刺されたら起こる可能性があるので覚えておこう。はじめて刺された場合でも、重い症状が出る場合もあるぞ。

対処法

もしも刺されたら

ハチがまだ近くにいれば急いで安全な場所まで逃げよう。10m以上はなれ、ハチが周りにいないことを確認して手当てをする。ハチの毒は水に溶けやすいので、刺されたらすぐに水で洗い流そう。傷口から毒をしぼり出すようにすると効果的だ。氷などで冷やすと痛みが軽くなる。

QUIZ クイズ

Q.巣を乗っ取るために利用するものは？
①におい　②花粉
③フン

こたえは次のページ

KEEP OUT KEEP OUT KEEP OUT

スズメバチだが小さくおとなしい

クロスズメバチ

わかりづらい地中の巣に要注意！

居住地
公園・都市緑地
山
水中
沖縄

データ

名前	クロスズメバチ
種族	昆虫
体長	女王バチ15㎜ 働きバチ10〜12㎜
生息地	沖縄をのぞく日本全国

こたえ ①におい

危険度

毒の強さ

遭遇率

スズメバチのなかでは小さめで、ミツバチほどの大きさだ。エサ用に他の昆虫などを狩るが、動物の死がいからも肉を食いちぎって巣に運ぶ。幼虫やさなぎなどを「蜂の子」と呼んで食べる地方もあるぞ。

クロスズメバチは、基本的にはおとなしい性質のスズメバチだが、ちょっかいを出すと刺してくることがあるので注意が必要だ。もしクロスズメバチが近づいてきても、手で振り払うのはやめよう。平地でも山地でも見つけることができる。巣は、森林や畑、河川の土手などの地面の中に作るぞ。地中の巣は気づきにくいので、登山道や草むらではうっかり近づかないよう注意しよう。他のスズメバチに比べると体も小さいので持っている毒の量も少ないが、油断は禁物。ハエとまちがえて刺されるケースや、体質による重いアレルギー症状が出ることもある。種類を問わず、ハチに刺されたら起こる可能性があるので覚えておこう。

対処法

もしも刺されたら

ハチがまだ近くにいれば急いで安全な場所まで逃げよう。10m以上はなれ、ハチが周りにいないことを確認して手当てをする。ハチの毒は水に溶けやすいので、刺されたらすぐに水で洗い流そう。傷口から毒をしぼり出すようにすると効果的だ。氷などで冷やすと痛みが軽くなる。

クイズ

Q.クロスズメバチの他の呼ばれ方は？

①ドバチ　②ジバチ

③ガバチ

こたえは次のページ

不気味な色と形の有毒な植物

ミミガタテンナンショウ

食べると口が焼けるように痛む！

データ

種類：植物
高さ：30～70cm
分布：本州、四国

危険度

毒の強さ 💀💀💀

遭遇率 

なだらかな丘や低い山に生える多年草。真ん中に棒があり、それを囲む花びらのような部分は「仏炎苞」という。

花の時期は４月～５月ごろ。マムシグサに似ていて、色はくすんだむらさき色で、白のしま模様が入っている。草全体には、シュウ酸カルシウムの針状結晶成分がふくまれている。ミミガタテンナンショウの実を食べると、小さな針のような結晶が口の中に突き刺さり、焼けるように痛み、炎症が起きてしまう。

対処法

もしも食べたら

口の中がはれて痛むので、すぐに病院へ行くこと。球茎の汁にふれると炎症を起こすこともあるので、皮ふについた場合は早く水で洗い流そう。

こたえ ②ジバチ

特別編

外国からきた話題の猛毒生物

近年、日本に上陸し、世間を恐怖におとしいれている外国からきた毒生物を紹介。中には刺されると死に至るものもいるので、見つけても、くれぐれも近づかないようにしてほしい！

KEEP OUT KEEP OUT

2017年に日本を騒がせた外国のアリ

ヒアリ

小ささに油断するな、刺されると激痛が！

データ

名前	ヒアリ	種族	昆虫	体長	2.5～6㎜
生息地	未定着				

危険度

毒の強さ ☠☠☠☠☠

遭遇率 ☠

2017年6月にはじめて日本への侵入が確認され、大騒ぎを起こしたアリ。その毒は、狩りのために強化したと考えられており、われわれ人にとってはこわい存在だ。今はまだ日本での定着は確認されていない。

もともとは南米のブラジルやウルグアイなどに生息していたアリだが、貿易で運ばれる荷物にまざって世界各地へ移動し、侵入してきた。日本にも2017年6月にはじめて確認され、生態系や人への影響が心配されている。英語でファイアーアントと呼ばれることが多いが、これはヒアリの仲間全体を指す言い方で、日本に侵入してきた種類はレッドインポーテッドファイアーアント（外からきた赤いヒアリ）と呼ぶようだ。10匹のヒアリに5回ずつ刺されて注入される毒タンパクは、ミツバチの一刺しの1000分の1以下とされる。しかし、それでもハチ毒に負けない重いアレルギー症状を起こすことがあるため、その強さは油断ならない。

対処法

もしも刺されたら

巣を刺激すると、集団で足からはい上ってきて、たくさんのヒアリに刺されてしまうだろう。その場にいても危険なので、振り払いつつその場をはなれ、病院へ行くようにした方がいい。ヒアリの最大のライバルはアリと考えられている。むやみに周りのアリを殺すようなことはしてはいけない。

QUIZ クイズ

Q. アリが体をのぼりにくくするため、服にかけておくとよいものは？

①きな粉　②砂糖
③ベビーパウダー

こたえは次のページ

KEEP OUT　KEEP OU

韓国から入ってきた外国産のハチ

ツマアカスズメバチ

データ

名前	ツマアカスズメバチ	種族	昆虫	体長	女王バチ30㎜ 働きバチ20㎜
生息地	長崎県対馬市で定着				

こたえ ③ベビーパウダー

危険度

毒の強さ 💀💀💀💀💀

遭遇率 💀

英語名はアジアンホーネット（アジアのスズメバチ）。その名の通りアジアに広く生息しており、インドネシアや中国などに分布していた。しかし、中国のツマアカスズメバチが韓国を経由して、日本へ侵入したのだ。

ハチといえば「黄色と黒のしま模様」というイメージがあるが、122ページのオオスズメバチほどはっきりしたしま模様ではなく、お腹の先のオレンジ色の部分以外は、黒色が目立つ色合いだ。このお腹の先のオレンジ色という特徴から「ツマアカ」と名づけられた。サイズは、もともと日本にいるキイロスズメバチに近い。ただ、その巣は10m級の高いところに作ることが多く、またキイロスズメバチよりも大きくなる傾向がある。ヒアリもそうだが、貿易を続けている限り、日本に新たに入ってくる可能性はある。対馬だけでなく、九州の一部でも発見されており、今後の分布拡大、定着が心配される。もし見つけたら役所へ連絡すること。

対処法

もしも刺されたら

ハチがまだ近くにいれば急いで安全な場所まで逃げよう。10m以上はなれ、ハチが周りにいないことを確認して手当てをする。ハチの毒は水に溶けやすいので、刺されたらすぐに水で洗い流そう。傷口から毒をしぼり出すようにすると効果的だ。氷などで冷やすと痛みが軽くなる。

QUIZ クイズ

Q.ツマアカスズメバチの好物は？

①ミツバチ　②花のミツ

③アブラムシ

こたえは次のページ

白い尻の外国からきたマルハナバチ

セイヨウオオマルハナバチ

人によって放たれ日本のハチや花がピンチに！

データ

名前	セイヨウオオマルハナバチ	種族	昆虫	体長	10〜20㎜
生息地	北海道				

こたえ ①ミツバチ

危険度

毒の強さ

遭遇率

ヨーロッパのハチで、日本には1990年代はじめごろにやってきた。トマトのハウス栽培での受粉のために利用されているのだ。だが、そこから逃げ野生化したものが、日本の自然に影響を与えている。

　黄色と黒のしま模様のフサフサした毛でおおわれている。先っぽは白い。日本にもともといたマルハナバチより、やや大きいのが特徴だ。エサや巣を作る場所を取り合い、日本のマルハナバチに影響を与えている。そのため、現在では、とてもきびしく管理されたハウスの中で、国の許可をもらっての飼育しかできない。これ以上、野生のセイヨウオオマルハナバチを増やさないための取り組みだ。人間の役に立つように外国から連れてこられたのに、今では有害生物扱い……。少しかわいそうな運命かもしれない。しかし、日本の生態系を守るために必要なことなのだ。マルハナバチより攻撃的とはいえ、巣を刺激したり、つかんだりしなければ基本的には大丈夫だ。

対処法

もしも刺されたら

ハチがまだ近くにいれば急いで安全な場所まで逃げよう。10m以上はなれ、ハチが周りにいないことを確認して手当てをする。ハチの毒は水に溶けやすいので、刺されたらすぐに水で洗い流そう。傷口から毒をしぼり出すようにすると効果的だ。氷などで冷やすと痛みが軽くなる。

QUIZ クイズ

Q. セイヨウオオマルハナバチの輸入が禁止されている国は？

①アメリカ　②オランダ
③ベルギー

こたえは次のページ

海外生まれで日本に定着した毒グモ

セアカゴケグモ

データ

名前 なまえ	セアカゴケグモ	種族 しゅぞく	クモ類	体長 たいちょう	オス3～5㎜、メス10㎜前後
生息地 せいそくち	本州、四国、九州、沖縄				

こたえ ①アメリカ

危険度

毒の強さ

遭遇率

1995年に突然、日本に現れ、大騒ぎになった毒グモ。もともとはオーストラリアやニュージーランド、インド、東南アジアなどにいた。外国からの船の荷物などについていたものが侵入したようだ。

ボールのような丸い体で、赤い模様がある。積極的に攻撃してくることはないが、とても強い毒をもっているので要注意。名前の「ゴケグモ」は、植物のコケではなく、「後家」が由来。後家とは夫が亡くなってしまった奥さんのことだ。メスがオスを食べてしまうことからこの名前がついた。よくいるのは、道路の側溝とふたのすき間、水抜きパイプの中、自動販売機やクーラー送風機のうらなどだ。日当たりのよい場所にある建物のくぼみや穴、みぞ、すき間に巣を作る。性格はおとなしいので、体についてもあわてず、そっと払いのけよう。かまれると、針で刺されたような痛みを感じる。痛みはだんだん強くなり、ついには耐えられないほどの激痛になるぞ。

対処法

もしもかまれたら

もしもかまれてしまった時は、水で洗い、氷で冷やしながらすぐに病院へ行こう。汗や吐き気などの症状がひどい場合は、急いだほうがいいだろう。ピークはかまれてから3時間～4時間後で、数時間～数日で軽くなっていく。海外では死んでしまった例もあるので油断は禁物だ。

QUIZ クイズ

Q.1995年に日本でセアカゴケグモが発見された地域は？

①東京　②愛知

③大阪

こたえは次のページ

アメリカ生まれの巨大ガエル

オオヒキガエル

データ

名前	オオヒキガエル	種族	両生類	体長	10～20cm
生息地	小笠原諸島、大東諸島、先島諸島				

こたえ ③大阪

危険度

毒の強さ 

遭遇率 

サトウキビ畑の害虫駆除のため、南米からやってきた。サトウキビ畑や人里近くの開けた場所に多い。熱帯に適した種類であると考えられ、高温にも強い。カタツムリ、ムカデ、ヤスデ、ときには小さなネズミなども食べる。

非常に大きなヒキガエルの仲間で、アメリカからきたオオヒキガエル。本州に生息するアズマヒキガエルやニホンヒキガエルと比べると、2倍近い大きさのものもいる。在来のヒキガエルと同様に「耳腺」という部分があり、そこから毒液を分泌することができる。他のヒキガエルよりも作られる毒の量も多く、西表島のイリオモテヤマネコや、カンムリワシなどの希少種がオオヒキガエルを食べて死んでしまうことが心配されている。サキシマママダラというヘビが食べて、死んでいる例は実際に観察されたそうだ。それ以外にもこのヒキガエルがエサとして、たくさんの在来生物を食べてしまうことによる影響も心配されている。

対処法

もしもさわったら

さわった後は、かならず手を洗うこと、もし毒液が直接目に入ってしまった場合は、すぐに水洗いする。このとき、洗面器にためた水ではなく、水道の蛇口に目を近づけてジャブジャブと洗い流すほうがいい。目に入った場合は、病院でみてもらおう。

QUIZ クイズ

Q.オオヒキガエルの耳腺はどこにある？

①目の後ろ
②口の横
③背中

こたえは次のページ

ハブより小型だが、毒は危険！

タイワンハブ

データ

名前	タイワンハブ	種族	爬虫類	体長	60～120cm
生息地	沖縄				

こたえ ①目の後ろ

危険度

毒の強さ

遭遇率

低地から山地、森林など色々な場所で暮らす。住宅地近くでも、エサやすみかさえあれば、いる可能性がある。もともとは中国南部や台湾に生息するヘビだ。肉食でネズミやカエルなどを捕食している。

マングースとの決闘ショーや、ハブ酒用のハブの代わりに、1970年代から沖縄に輸入されていた。それが逃げて野生化したのだ。夜になると活発に動き回る。灰色がかった茶色の体に黒っぽい模様が並び、沖縄のヘビとして有名なハブやサキシマハブによく似ている。在来のハブに比べれば体は小さめだが、かまれれば危険なのは変わらない。死に至らなくとも、恐ろしい痛みを味わうことになるし、後遺症を負う可能性もあるので、絶対に油断してはならない。小さくてもハブはハブなのだ。なお、沖縄などでハブの仲間がいそうな場所にいくときは、長靴をはいておくと少しは安心だ。逆にサンダルなどで歩き回るのは危険である。

対処法

もしもかまれたら

万が一かまれたら、走ってでも病院へ行くようにしよう。かつては安静にして病院へ行くようにと言われてきたが、最近の研究で走ってでもいいから早く病院へ行った方がいいことがわかったのだ。もしもかまれたらあらゆる手段の中から一番早く病院へ行ける方法を探そう。

QUIZ クイズ

Q. ヘビが持つ、赤外線を感知する器官の名前は?

①アット器官
②ピット器官
③サット器官

こたえは次のページ

COLUMN

本州に住む毒のないヘビ①

すべてのヘビが毒を持っていると思われがちだが、実はそんなことはない。日本最大級のものから、人間の生活を助けてくれるものまで、毒のないヘビたちを大紹介！

アオダイショウ

日本最大級の無毒ヘビ

北海道から九州まで分布するヘビで、このエリアに生息するヘビの中では最大種。山の中でも見られるが、人の生活する里山にはよくいるぞ。人の家や倉庫に住みつくこともある。

シマヘビ

黄色に黒いたてじまのアオダイショウに並ぶ超普通種

本当に環境の良い島では、2mのシマヘビがいることもあるが、よく見られるのは1mくらいのサイズ。カエルが好きなヘビで、アオダイショウが生息しているところには、だいたいいるぞ。

ジムグリ

茶色と黒い斑点の地面にもぐるモグラハンター

体長は80cm～1mくらい。基本的には山地に住んでいる。地面にもぐるのが好きな性質があるので、「じもぐり（地潜）」がなまってこの名前になった。とても温和な性格だ。

こたえ ②ピット器官

第4章

水中・水辺で遭遇する猛毒生物

夏といえば、海、そして川！　泳いだり、釣りをしたり、珍しい生物を見つけたりと、楽しいことばかり。でも、水の中に住む生物には強烈な毒を持つものも。やたらと手をふれないこと！

血を吸うために田んぼにひそむ

チスイビル

データ

名前	チスイビル	種族	ヒル類	体長	30～40㎜
生息地	北海道、本州、九州の池や沼など				

危険度

毒の強さ

遭遇率

池、沼、流れのゆるやかな小川などに住んでいる。身近なところでは田んぼで遭遇することがあるが、農薬の影響で数が減ってきているようだ。田んぼに入ると、ふくらはぎなどに数匹が取りついていることがある。

背面は緑がかった茶色で、黄色みをおびた茶色のたて線が数本入っている。素足で農作業や水遊びをすると、皮ふにくっつき血を吸われることがあるぞ。痛みを感じさせない物質を出しているので、吸われていることにはほとんど気がつかない。血が固まらないようにする「ヒルジン」という物質も出すため、吸われた後はなかなか血が止まらないぞ。吸いつく力が強く、引っぱっても取ることはむずかしい。取るときは無理に引っぱって取ろうとせず、塩や虫よけスプレー、アルコールなどをかけてみよう。ナメクジのように弱い肌で、塩などが苦手なため、自分からはなれてくれる。過去の怖い例として、チスイビルを水と一緒に飲み、のどや食道で血を吸われた例もあるとか。

対処法

もしもかまれたら

体にくっついたヒルをはなすには、虫よけスプレー、塩、アルコール、火、ハンドクリームなどを使うといい。はがした後は、傷口をよく洗う。血がすぐには止まらないので、ガーゼなどで止血をしよう。

QUIZ クイズ

Q.ヒルの仲間が役立てられているのは？

①病気の治療
②お酒づくり
③農業

こたえは次のページ

脅威の再生能力を誇る日本のイモリ

アカハライモリ

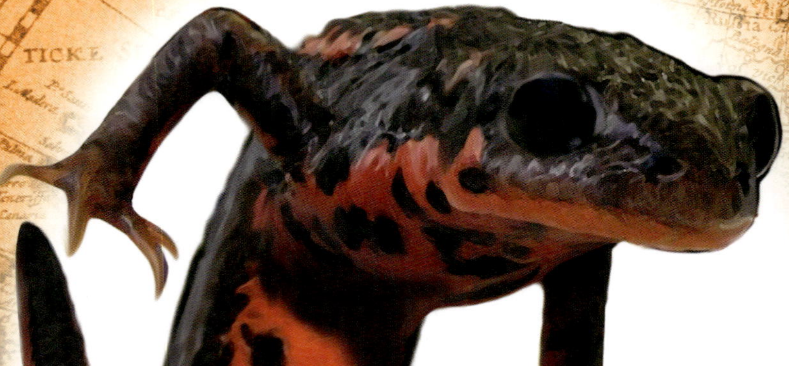

フグと同じ毒で身を守る

データ

名前	アカハライモリ	種族	両生類	体長	10cm
生息地	本州、四国、九州の水辺				

こたえ ①病気の治療

危険度

毒の強さ 💀💀

遭遇率 💀💀💀

池、田んぼ、沼、沢、小川などで生活しているが、陸にも上がる。体を再生する能力が高く、脚を切っても骨までカンペキに再生できるのだ！　だからといって、むやみに傷つけることはやめよう。

日本で「イモリ」と呼ぶときは、この種類のことを言っている場合がほとんどだ。背中は黒みがかった茶色、お腹側は赤やオレンジ色で、黒い模様が点々としている。この派手な色は「警戒色」という。他の生物に自分が毒を持っていることを教えるために、目立つようにしているのだ。４月～６月ごろの繁殖期になると、オスは「婚姻色」と呼ばれる、結婚するための青むらさき色を身にまとい、メスにアピールするようになる。飼育するためにペットショップなどでも売られている。とはいえ、油断は禁物。フグの毒と同じ「テトロドトキシン」という毒を持っているぞ！　直接食べることはないかもしれないが、さわった後は手を洗うというのを心がけてほしい。

対処法

もしもさわったら

ちょっとさわったくらいでは特に害はない。ただし、ずっとさわり続けているとヒリヒリした感覚を覚えたり、その手で口や目にふれると激しい痛みを感じたりすることになる。さわった場合はすぐに水でよく手を洗うこと。洗わないまま、目や口などの粘膜をいじってはいけない。

QUIZ クイズ

Q.アカハライモリの別名は？

①ニホンイモリ
②カントウイモリ
③ホンシュウイモリ

こたえは次のページ

気性が荒いが、食べるとうまい

ギギ

データ

名前	ギギ	種族	魚類	体長	20～30cm
生息地	本州中部以南の川や湖				

こたえ ①ニホンイモリ

危険度

毒の強さ

遭遇率

毒は微量であり、刺されると激しい痛みをともなうものの、自然におさまるとされている。しかしある地域では同じく「ギギ」と呼ばれるナマズ目の海水魚「ゴンズイ」は強い毒があるので、注意が必要だ。

名前からして強そうなギギは、ナマズ目ギギ科の川魚。別名、ハゲギギ。体は黒や黄色がかった茶色で、川や湖の岸近くの水中にある浅い岩場などに住む。胸びれのトゲと、その土台にある骨をこすり合わせて「ギーギー」と音を出すので、この名前がついた。夜行性で気が荒く、攻撃性が強い。夜間や雨の後、水がにごっている時に出てきて、小動物を食べる。ナマズ目らしい口ひげが特徴で、毒は背びれと胸びれのトゲにある。とはいえ味はクセがなく、熱を通してもかたくならずおいしく食べられる。特に岡山県を中心とした西日本で親しまれており、焼き魚やみそ汁がおすすめだが、今では河川の荒廃から絶滅危惧種であり、高級魚の扱いになっている。

対処法

もしも刺されたら

タンパク質性の毒なので、加熱すると失われる。料理をする場合は、毒針に注意すること。また、トゲに刺された時はトゲを取りのぞき、患部の血をしぼる。それから患部をよく洗い、消毒をして、細菌による二次感染を防ぐ。その後、病院でみてもらうこと。

QUIZ クイズ

Q.ギギのヒゲの数は何本？

①6本　②8本

③決まっていない

こたえは次のページ

KEEP OUT KEEP OUT KEEP OUT

つきまとうと毒トゲを立てて威嚇

ミノカサゴ

毒をたたえた優雅な海の貴婦人

データ

名前	ミノカサゴ	種族	魚類	体長	約25cm
生息地	北海道の南部以南の海				

こたえ ②8本

危険度

毒の強さ 💀💀💀

遭遇率 💀💀

「海の貴婦人」と呼ばれる美しい見た目なので、見つけると追いかけ回したくなるが、刺激を与えると立ち向かってくる高い攻撃性を持った魚だ。釣った時に、針を外そうとして刺されることも多いぞ。

カサゴ目フサカサゴ科の海水魚。日本では北海道の南部以南の沿岸部に生息している。背びれと腹びれにタンパク質性の毒を持つ。「海の貴婦人」と呼ばれるほど、優雅に泳ぐ姿が特徴的だが、毒を持っていることを自分でわかっているからか、ふてぶてしい貴婦人なので要注意だ。危険が近づいても逃げることなく、毒トゲを立てて威嚇するぞ。夜行性で、昼間はサンゴや岩場の陰にひそんでいる。ミノカサゴという名前は、ひれをミノになぞらえたもの。刺された時の痛みから、様々な名前を持っており、広島県では「ナヌカバシリ（七日走り）」、山口県では「キヨモリ（平清盛のように、派手な衣装の下に武器を隠している、という意味）」などと呼ばれているぞ。

対処法

もしも刺されたら

死に至ることはないが、刺されると激しい痛みがあり、患部が赤くふくれ上がる。めまいや吐き気を起こすこともある。患部をやけどしない程度のお湯に30分～1時間ほどひたすと、毒成分が不活性化して痛みがやわらぐ。もちろん、早めに病院でみてもらうことが大切だ。

QUIZ クイズ

Q. 三重県ではミノカサゴを何と呼ぶ？

①ナケスグニ
②マテシバシ
③イケハヤク

こたえは次のページ

太くたくましいひれに毒あり

アイゴ

おいしいものには毒がある!?

居住地
公園・都市緑地
山
水中
沖縄

データ

名前	アイゴ	種族	魚類	体長	約20cm
生息地	東北北部以南の海				

こたえ ②マテシバシ

危険度

毒の強さ

遭遇率

釣りにも人気の魚だが、釣れた場合にはトゲが刺さらないようにハサミなどでひれを切断しよう。背びれ、腹びれ、しりびれ、すべてに毒を持ったトゲがある。トゲは、軍手をしていても簡単に貫通するくらいするどいぞ。

スズキ目アイゴ科に分類される海水魚。体は20㎝ほどの大きさで、木の葉のように左右に平たい。色は茶色で横じまが数本あり、全身に白っぽい斑点がある。毒があるのは、背びれ、腹びれ、しりびれのトゲ。いかにも強そうな太くするどいトゲが、たてがみのようにぐるりと生えている。毒があるので肉が磯臭いが、四国、九州、沖縄などではおいしい魚として親しまれている。「イタイタ」(富山)、「ヨソバリ」(小笠原)、「シャク」(静岡)、「バリ」(西日本)、「アイ」(関西・三重)、「アイノウオ」(島根)、「モアイ」(広島)、「モクライ・アイバチ」(山口)、「イバリ」(福岡)「ウミアイ」(熊本・宮崎)、「エーグヮー」(沖縄)など、各地で様々な呼び名がある。

対処法

もしも刺されたら

刺されると数時間〜数週間ほど痛む。アイゴが死んでもトゲの毒は消えない。刺された場合は傷口から毒を出し、お湯に患部を30分〜1時間ほどひたすと、毒素のタンパク質が不活性化するので、痛みがやわらぐ。もちろん、早めに病院でみてもらうことが大切だ。

QUIZ クイズ

Q. 西日本ではアイゴをバリと呼ぶがその名前の由来は?
①おしっこ　②うんち
③磯

こたえは次のページ

KEEP OUT KEEP O

KEEP OUT KEEP OUT KEEP OUT

磯遊びや釣りで油断できない!?

ゴンズイ

居住地
公園・都市緑地
山
水中
沖縄

データ

名前	ゴンズイ	種族	魚類	体長	20～30cm
生息地	本州中部以南の海				

こたえ ①おしっこ

危険度

毒の強さ

遭遇率

暖かい海で浅めの場所に暮らす。岩場や港などでよく見かけ、特に岩の下のくぼみが好き。昼間は隠れ、夜になると小魚や小動物をつかまえて食べる。幼魚は「ゴンズイ玉」と呼ばれる群れを作って泳いでいる。

背びれと胸びれにかたくてするどい毒トゲを持っているぞ。磯遊びや、防波堤などでの釣りのときには要注意。浅瀬を泳ぐゴンズイをすくったり、釣り針から外そうとしたりしたときに刺されることが多い。針に結ぶ糸ごと切ってしまうのが安全だ。死んでも毒は残るので油断はしないこと。刺されると焼けるような痛みがあり、赤くはれる。ズキズキした痛みが広がり、最悪の場合は、傷のまわりが壊死する（細胞や組織が死んでしまう）こともある。「ゴンズイ玉」にも手を出さないように。さらに、ゴンズイには体の表面にも毒があることがわかってきた。トゲに刺されなくても、手などに傷があるとそこから毒が入ってしまうので、素手では絶対にさわらないようにしよう。

対処法

もしも刺されたら

まずは刺さっているトゲを取る。爪の先などを使って毒をしぼり出すように、きれいな水でよく洗おう。お湯にひたすと痛みがやわらぐぞ。消毒して化膿止めの薬をぬろう。刺さったトゲが体内に残っているときや、痛みがおさまらないときなどは病院へ行くこと。

QUIZ クイズ

Q.ゴンズイの毒の種類は？

①タンパク質
②脂肪　③ビタミン

こたえは次のページ

砂地にまぎれこむ平らな生物

アカエイ

居住地
公園・都市緑地
山
水中
沖縄

データ

名前	アカエイ	種族	魚類	体長	約2m
生息地	北海道以南の海				

こたえ ①タンパク質

危険度

毒の強さ

遭遇率

冬は深い海の底で暮らしているが、暖かい季節になると繁殖のために浅瀬の砂地に集まってくるぞ。日本でもっともよく見られるエイだ。こう見えて肉食で、貝類や甲殻類、環形動物などを食べる。

円やひし形の体は黒ずんだ茶色をしていて、黄色やオレンジ色でふちどられているアカエイ。砂底に隠れるとわかりにくく、手や足を海底につくときは注意が必要だ。しっぽのつけ根から少しはなれたところに、のこぎりの刃のようなギザギザとした大きな毒トゲが１本～２本ある。しかも死んでいるエイでも毒は消えないので油断はできない。毒トゲはするどく、刺したものをつらぬいたり、皮ふを深く裂いたりする。刺された部分ははれて激しく痛み、しかもそれが長い時間つづく。全身がけいれんしたり、ズキズキした痛みを感じたりもする。熱が出たり、吐き気やげりなどが起きたりするときもあり、最悪の場合は死んでしまうこともあるぞ！

対処法

もしも刺されたら

トゲが刺さっている場合は、素手ではなくペンチなどを使って取る。釣り針の刃のように返しがあって抜けにくいので注意すること。お湯にひたすと痛みがやわらぐ。出血がひどいときや、熱や吐き気、げりなどが起きたときは、少しでも早く病院へ行こう。

QUIZ クイズ

Q. エイを上からふまないためによい歩き方は？
①ちどり足　②忍び足
③すり足

こたえは次のページ

KEEP OUT　KEEP OUT

KEEP OUT KEEP OUT

色あざやかな模様が浮かび上がる

ヒョウモンダコ

猛毒で獲物をまひさせてつかまえる

居住地
公園・都市緑地
山
水中
沖縄

データ

名前	ヒョウモンダコ	種族	軟体動物	体長	5〜25cm
生息地	房総半島以南の海				

こたえ ③すり足

危険度

毒の強さ

遭遇率

浅い海の岩やサンゴ礁、砂と小石がまざった海の底などで生活する小さなタコ。石の下や岩穴に隠れているので、なかなか見かけない。８本の足のつけ根の真ん中にある、とがったくちばしのような口で獲物をかむ。

赤みがかった茶色や、黄色みをおびた茶色の体をしている。興奮すると、そこに青いリング状の模様が浮かび上がってくるぞ。色あざやかできれいだが、むやみに刺激しないように！かむときに毒を出し、カニやエビなどの獲物をまひさせてつかまえて食べる。毒はフグと同じ「テトロドトキシン」というものだ。かまれると、しびれやめまいがしてくる。その後、言葉がうまくしゃべれなくなったり、目が見えなくなってきたりし、最終的には吐いたり、呼吸ができなくなったりする。かまれたらかならず毒が入ってくるわけではなく、まったく何もないこともある。それでも、かならず病院へ行き６時間は様子を見なくてはならない。何が起こるかわからないので油断しないこと。

対処法

もしもかまれたら

まひがはじまらないうちに陸に上がって助けなければならない。顔や首をかまれると死んでしまうこともあるので、できるだけ急ごう。ただし、毒が速くまわってしまうので、絶対に走らせないこと。大至急、救急車をよぶ。飲みこむと危険なので、口で毒を吸い出すのはダメ。

QUIZ クイズ

Q. 有毒な生物が持つ派手な体色の名前は？

①警戒色　②保護色

③蛍光色

こたえは次のページ

KEEP OUT KEEP OUT

KEEP OUT KEEP OUT

無色透明な猛毒の持ち主

アンドンクラゲ

居住地
公園・都市緑地
山
水中
沖縄

長い触手にいつの間にかつかまる!

データ

名前	アンドンクラゲ	種族	刺胞動物	体長	傘約30㎜ 触手約300㎜
生息地	日本全国の海				

こたえ ①警戒色

危険度

毒の強さ

遭遇率

夏の終わりごろに、海水浴場で大量発生することがある。傘はつりがねのような形で、そこから触手が伸びる姿が「行灯」に似ていることから名前がついた。ほとんど透明なので、気づきにくいぞ。

太陽の光にびんかんで、日差しの強い日は水中深くしずんでいる。夕方や早朝、またはくもりの日に水面近くへ浮き上がってくるぞ。傘の何倍もある長〜い触手には、刺胞という毒の袋がついている。刺激されると糸が飛び出す仕組みになっていて、これで他の小動物を刺すのだ。ほぼ透明で、海の中では長い触手が目につかず、知らないうちに刺されていることがある。お盆をすぎたころに海に入るときは、特に要注意。できるだけ肌を出さないようにしよう。刺されると、ヤケドのような激痛があり、赤くミミズばれになる。毒はとても強力で、刺されて死んでしまった子どももいるほどだ。触手はちぎれて、刺された部分に残ることがある。手当のときには注意しよう。

対処法

もしも刺されたら

こすらずに、刺胞や触手などを海水で洗い流してから氷や冷水で冷やす。真水を使うと刺胞から毒が発射されてしまうので、かならず海水を使うように！ 症状が軽くならないときは病院でみてもらおう。もしショック症状や呼吸困難があれば、すぐに救急車を呼ぶこと。

QUIZ クイズ

Q. アンドンクラゲは何の仲間？

①シカククラゲ
②ハコクラゲ
③サイコロクラゲ

こたえは次のページ

KEEP OUT KEEP OUT

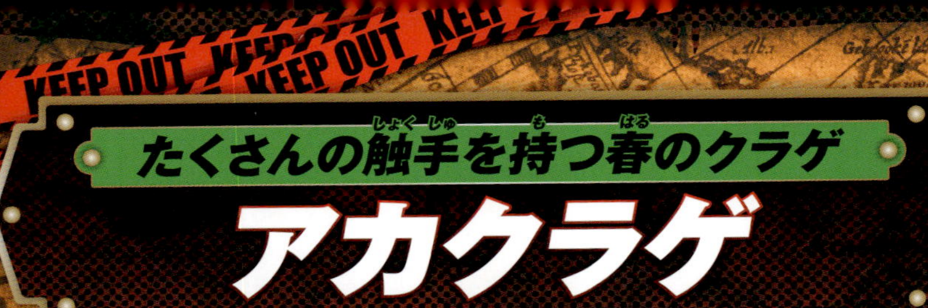

たくさんの触手を持つ春のクラゲ

アカクラゲ

死んで乾燥してもなお害がある

データ					
名前	アカクラゲ	種族	刺胞動物	体長	傘10〜15cm、触手2m
生息地	日本全国の海				

こたえ　②ハコクラゲ

居住地
公園・都市緑地
山
水中
沖縄

危険度

毒の強さ

遭遇率

他のクラゲが少ない冬～初夏によく見られる。この時期の磯遊びや潮干狩りでは要注意だ。海岸に打ち上げられていることも多い。傘は薄いオレンジ色で、赤い筋が入っている。触手は2mを超すこともある。

傘の縁から出る長い触手は40本ほどもある。触手には毒の袋がついていて、これは刺胞というもので触手にさわると、そこから糸が飛び出し相手を刺す。刺胞にさわると激痛がはしり、ミミズばれになるぞ。基本的に、アカクラゲの毒が直接作用して死ぬということはないが、ハチと同じように重いアレルギー症状を引き起こし、それが原因で死に至る可能性はある。これによって呼吸困難になったりして、死んでしまうこともあるので注意しよう。海岸に漂着している死がいもよく見るが、さわってはいけない。乾燥したアカクラゲの粉を吸い込むとくしゃみを引き起こすため、「ハクションクラゲ」とも呼ばれている。

対処法

もしも刺されたら

刺されたらすぐに陸に上がり、けいれんや吐き気、呼吸困難などのショック症状があれば急いで救急車を呼ぶ。刺された部分はこすらずに海水で洗う。触手や刺胞が残っていたら海水をかけ、取りのぞこう。真水は、刺胞を刺激して毒を出させてしまうので使わないこと！

QUIZ クイズ

Q.クラゲと近い仲間は？

①イソギンチャク

②フジツボ

③ウミホタル

こたえは次のページ

KEEP OUT KEEP OUT

KEEP OUT KEEP OUT

美しい青色をした猛毒クラゲ

カツオノエボシ

何十メートルもの触手で毒を注入

データ

名前	カツオノエボシ	種族	刺胞動物	体長	傘10cm、触手10〜20m
生息地	本州以南の海				

こたえ ①イソギンチャク

危険度

毒の強さ

遭遇率

1匹に見えるが、実は、ヒドロ虫という虫が集まってできている。黒潮に乗って南の海からやってくる。傘は浮き袋になっていて「気胞体」といい、これが烏帽子の形をしていることから名づけられた。

青やむらさきの気胞体が浮き袋になっていて、海面に浮いている。その下にある触手がとても長く、気胞体の直径30m以内は危険だ。触手の先端には、普通のクラゲと同じように刺胞という毒の袋がついている。この触手で魚などをつかまえて食べるのだ。刺された瞬間、電気が走ったような激痛があり、赤むらさき色にはれて水ぶくれになることも。頭痛や吐き気、呼吸困難が起こり、死んでしまうこともある。海に浮かぶ青いビニール袋にも見えるが、見かけたらすぐにはなれよう。風の強いときは、浜辺の近くまで打ち寄せられてくるので注意。海水浴場のクラゲ情報をチェックし、発生したときには近づかないこと。浜に打ち上げられているものもさわらないように！

対処法

もしも刺されたら

けいれんなどのショック症状が出ていたら救急車を呼ぶ。触手が残っていたら、ピンセットや細い棒などを使って取りのぞく。触手がまとわりついていたら、バケツやペットボトルで海水をくんできてかけよう。真水をかけたり、こすったりすると刺胞を刺激して症状がひどくなるぞ。

QUIZ クイズ

Q.カツオノエボシの別名は？

①デンキクラゲ
②ミズアメクラゲ
③アシナガクラゲ

こたえは次のページ

KEEP OUT KEEP OU

無数の剛毛には大量の毒

ウミケムシ

悠々と海を泳ぐ恐ろしき毒ケムシ

データ

名前	ウミケムシ	種族	多毛類	体長	5～15㎝
生息地	本州中部以南の海				

こたえ ①デンキクラゲ

危険度

毒の強さ

遭遇率

肉食で、海底にいるゴカイなどの生物や死がいを食べている。潮の流れがゆるくよどみやすい場所など、良くない水質を好む。その毛は非常にもろく、刺さるとすぐ折れてしまい、抜けにくく、すぐに毒が仕込まれてしまう。

漢字で書くと「海毛虫」、つまり海にいる毛虫。環形動物門ウミケムシ科に属する生物の総称である。暖かい海域を好み、本州中部以南、太平洋南西部、インド洋に分布する。体の横側に体毛を持ち、警戒すると毛を逆立てる。この体毛がコンプラニンという成分をふくむ毒針になっていて、素手でふれると刺される。刺さると毒が注入され、毒針を抜いても毒はまわってしまう。見た目もゾワゾワするが、実際に恐ろしい存在なのだ。海底の砂の中にもぐっていることが多いが、夜は海中を泳ぐ。投げ釣りの際に、エサを動かさずに置きっぱなしにしているとかかることがある。また、海中生物を飼育していると偶然まざって、水槽の中で大繁殖することもある。

対処法

もしも刺されたら

激しい痛みとはれ、そしてかゆみにおそわれる。かゆみは1週間も続くことがある。まず、患部は決してこすらず強く押さえず、ガムテープでなでるようについた毛を取りのぞき、流水で洗い流す。そしてアルコールなどで消毒しよう。

QUIZ クイズ

Q.ウミケムシの英語名は？
①シーワーム
②ウォーターワーム
③ファイヤーワーム

こたえは次のページ

COLUMN

本州に住む毒のないヘビ②

毒のないヘビ大紹介の第2弾は、小さめの種類をピックアップ。毒がないし、大きくないし、おまけに性格もおとなしい……って、なんだかヘビが好きになっちゃいそう!?

ヒバカリ

泳ぎも得意な魚ハンター

体長は40～60cm程度と小型。かまれれば命が「その日ばかり」とされたのが名前の由来だが、実は毒はまったく持っていない。森林に生息。

タカチホヘビ

おとなしい性格の珍しいヘビ

小さいものだと30cmほどと、かなり小ぶりなヘビ。おもにミミズをエサとしており、性格はとてもおとなしいことで知られる。体の色は茶色に黒いたてじま。

シロマダラ

幻のヘビと称される珍種!?

体長は30～70cm程度。名前の通り、体は白と黒のまだら色をしている。性格はおだやかで目も小さい、ヘビ界随一のカワイイ系（?）。森林に生息。

こたえ ③ファイヤーワーム

第5章

沖縄の猛毒生物

日本の本州に比べて冬でも暖かく、自然が多く残っている沖縄。そんな沖縄には珍しい生物がたくさんいるけど、そのぶん、有毒生物も多くいる。沖縄では、さらに注意が必要だぞ！

日本最強の攻撃的な猛毒ヘビ

ハブ

データ

名前	ハブ	種族	爬虫類	体長	40～200cm
生息地	奄美諸島、沖縄諸島				

危険度

毒の強さ

遭遇率

森林や畑など、木や草のあるところならどこにでもいるぞ！　昼間は森の茂みや草むら、石垣などの穴、サトウキビ畑などにひそみ、夜になると積極的に活動する。ネズミを主なエサとするので、人家の近くにも多い。

性格は攻撃的。攻撃範囲は全長の3分の2ほどなので、180cmのハブなら約120cmが攻撃範囲だ。森や草むらを歩くときには長靴などをはこう。木の洞や石垣の間などには、むやみに手を突っ込まないこと。活動が活発になる夜は、出歩かないように。やむをえないときは、明るい懐中電灯を持ち、周りに注意しながら歩くようにしよう。木に上るのも好きなヘビなので、地面だけにいるとはかぎらないぞ。かまれると耐えられないほどの痛みがある。はれはひどくなり、肉を溶かす消化液のような毒の影響で、筋肉などが溶けてしまう。死に至らなくとも、後遺症が残ることもあるので、絶対にかまれないようにしよう。

対処法

もしもかまれたら

ほかの毒ヘビ同様に、かまれたら走ってでも病院へ行くようにしよう。安静にして病院へ行くのは昔のやり方だ。指輪や腕時計をしていたら、それも取っておくこと。はれがひどくなるので、後からだと取れなくなってしまうぞ。沖縄は冬でも暖かいので、一年を通して注意しよう。

QUIZ クイズ

Q.かまれた激痛をたとえて使われている言葉は？

①焼いた火箸を当てる

②パンチで穴を開ける

③金づちで叩かれる

こたえは次のページ

石垣島や西表島の日本固有小型ハブ

サキシマハブ

データ

名前 なまえ	サキシマハブ	種族 しゅぞく	爬虫類	体長 たいちょう	60〜120cm
生息地 せいそくち	八重山諸島				

こたえ ①焼いた火箸を当てる

危険度

毒の強さ ☠☠☠☠☠

遭遇率 ☠☠☠

西表島や石垣島などの八重山諸島に生息している日本固有種。本州で出会うことはない。沖縄の山近くの茂みや、山道に行くようなことがあれば、出会う可能性がある。夜行性で、カエルなどを食べているぞ。

背中の色は灰色がかった茶色。黒っぽい模様が左右交互に並んでいることが多いが、ちがう模様のこともある。山の近くの畑や山道に行くと、出会う可能性があるぞ。ハブと比べると小さいが、これでも立派なハブの仲間だ。小さいので毒の量こそ少ないが、毒の強さはハブ並み。かまれれば大きくはれあがり、重症化した例もあるので油断ならない。毒ヘビの毒は胃液と同じ消化液としての働きがある。ヘビ側からしてみれば、獲物を狩りするときは獲物を殺して安全に食べられるし、消化も助けてくれるありがたい存在なのだ。だから本来は、防御用にむだづかいはなるべくしたくないようだ。海外のヘビでは、人にかみついても毒を出さない種類もいるらしい。

対処法

もしもかまれたら

ハブと同じく、何より病院に行くことが先決だ。かまれたら、ほかの毒ヘビ同様に走ってでも病院へ行くようにしよう。はれがひどくなるので、指輪や腕時計をしていたら、それも取っておかないと後で取れなくなってしまうぞ。

QUIZ クイズ

Q.ハブは何科の動物？
①ウミヘビ科
②コブラ科
③クサリヘビ科

こたえは次のページ

KEEP OUT KEEP OUT

太くて短いハブの仲間

ヒメハブ

のろまでも毒ヘビ！油断大敵

居住地
公園・都市緑地
山
水中
沖縄

データ

名前	ヒメハブ	種族	爬虫類	体長	30〜80cm
生息地	奄美諸島、沖縄諸島				

こたえ ③クサリヘビ科

危険度

毒の強さ 

遭遇率 

ハブの仲間で、沖縄の山近くの茂みや、山道に行くようなことがあれば、出会う可能性があるぞ。カエルが大好物なので、山地でそれが集まるようなところに行くと、かなり高い確率で遭遇する！

ハブの仲間のヒメハブ。胴体はほかのハブよりも太くて短く、その見た目はほとんどマムシだ。背中の模様も灰色から茶色で黒い模様がある。マムシとちがうのは、黒い模様が「銭形」ではないこと。ふだんは落ち葉や木の下でおとなしくしていることが多く、危険を感じると水の中に逃げることもある。それほど攻撃的な性格ではないが、じっとしていることも多いので、まちがえてふんだりすることがないように。毒はハブと比べれば弱いが、毒ヘビに変わりはないので、かまれることがあってはならない。沖縄や奄美に生息しているが、他のヘビよりも低温にも強く、2月など、かなり寒い時期でも、冬眠せず活動していることが多いようだ。

対処法

もしもかまれたら

ほかの毒ヘビ同様に、かまれたら走ってでも病院へ行くようにしよう。安静にして病院へ行くのは昔のやり方だ。指輪や腕時計をしていたら、それも取っておくこと。はれがひどくなるので、後からだと取れなくなってしまうぞ。

QUIZ クイズ

Q. 沖縄で呼ばれているヒメハブのあだなは？

①にーぶやー（のろま）

②ちゅらさん（きれい）

③ちむがかい（気がかり）

こたえは次のページ

奄美に住まうコブラの仲間

ヒャン

居住地
公園・都市緑地
山
水中
沖縄

データ

名前	ヒャン	種族	爬虫類	体長	約50cm
生息地	奄美諸島				

こたえ ①にーぶやー（のろま）

危険度

毒の強さ

遭遇率

山の中や森林など、ジメッとした場所に住んでおり、落ち葉の下などにいて、目立たない。夜行性といわれているが、昼間に見られることもある。小さなトカゲなどを食べる。被害例は報告されていないがコブラ科の毒ヘビだ。

ヒャンは、オレンジ色のきれいなヘビだ。体は細長くて、うろこもなめらか。背中に幅の広い横じま模様が何本かあり、背中の真ん中には黒っぽいたてじま模様も入っている。つかまえられるとしっぽの先を相手に押しつけてくるが、しっぽに毒はない。また性格は臆病でおとなしい。また、口も小さいので、かまれにくい。今までにかまれた人の報告がないので、毒などについて詳しいことはわかっていない。ただし、猛毒なヘビとして有名なコブラの仲間なので、毒は持っているようだ。山などでたまたま見つけても、できるだけ近づかないように。ちなみに、日本に生息するコブラ科のヘビは、このヒャン、ハイの仲間4種と、ウミヘビ類だ。

対処法

もしもかまれたら

かまれた人の例がないので、毒について詳しいことがわかっていない。とはいえ、毒ヘビは毒ヘビなので、万が一かまれたら病院へ行くようにしよう。他の毒ヘビの対処と同様に、急いで行った方がいいかもしれない。

QUIZ クイズ

Q.「ヒャン」とは奄美地方の方言でどういう意味？

①日照り　②雨

③くもり

こたえは次のページ

奄美のヒャンの沖縄バージョン

ハイ

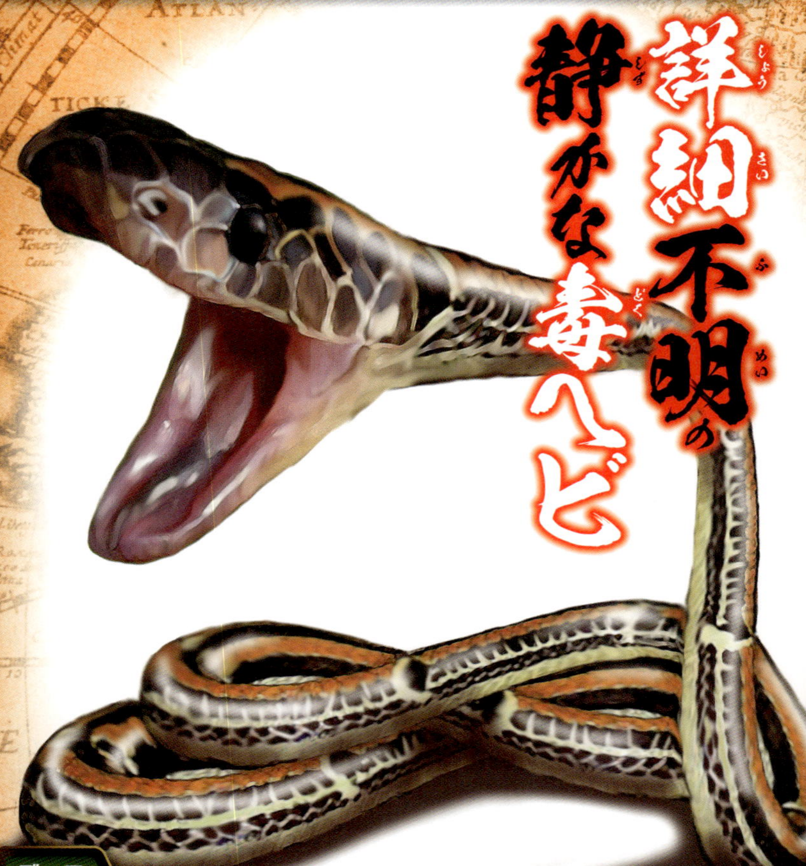

居住地
公園・都市緑地
山
水中
沖縄

データ

名前	ハイ	種族	爬虫類	体長	30〜50cm
生息地	徳之島、沖縄諸島				

こたえ ①日照り

危険度

毒の強さ 💀💀

遭遇率 💀💀💀

森林の中などジメジメしたような場所で暮らし、トカゲなどを食べる。ヒャン同様に、毒はあるが危険性は低い。しかし、毒についての詳しいことはわかっていないので、見つけてもいたずらはしないでおこう。

平地にもいるが、山地に多くいるハイ。ヒャンに似ていて細くて長いが、色や模様が少しちがうぞ。背中は赤みがかった茶色で、横じま模様もある。黒っぽいたてじま模様もあるが、ヒャンより太く、1本ではなく5本入る。性格はおとなしく、被害は報告されていない。しかし、ヒャンと同じく、ハイもコブラの仲間だ。海外に生息するヒャンやハイに近い仲間では、死亡者が出た例もあるようなので、見つけてもそのまま通り過ぎよう。ヒャンと同じく、毒については詳しいことがわかっていないのだ。敵におそわれると、しっぽの先で相手をつつく行動もとるが、しっぽにも毒はない。久米島には、仲間の「クメジマハイ」もいる。

対処法

もしもかまれたら

ヒャンと同じく、かまれた人の例がないので、毒について詳しいことがわかっていない。とはいえ、毒ヘビは毒ヘビなので、万が一かまれたら病院へ行くようにしよう。他の毒ヘビの対処と同様に、急いで行った方がいいかもしれない。

クイズ

Q.「ハイ」は沖縄の方言でどういう意味？
①電気　②日照り
③たき火

こたえは次のページ

データ

名前	ガラスヒバァ	種族	爬虫類	体長	75〜110cm
生息地	奄美諸島、沖縄諸島				

こたえ ②日照り

危険度

毒の強さ

遭遇率

主なエサはカエルなどの生き物。そのため、田んぼや河原などの水辺で生活している。たまに、人間の住んでいる家でも、庭の池周りに現れることもあるようなので要注意。繁殖期は5月下旬～8月。

体は黒く、白い横じま模様と、ところどころに点々があるガラスヒバァ。夜行性で、水辺で見つかることが多い。そのため、田んぼの周りで出会うことがある。水にもぐることができ、動きは俊敏で、カエルを素早くたくみにつかまえて食べることができる。刺激をすると体を持ち上げて威嚇をしてくるぞ。しつこいやつにはかみついてくるので注意！　上あごの奥に毒腺をもっており、かみついた後、その傷口から毒を染み込ませる仕組みのようだが……。毒による被害の報告例がほとんどなく、その毒については詳しくは解明されていない。あまり遭遇しないからか、さいわい被害報告はないようだが、毒ヘビなので、用心しておこう。

対処法

もしもかまれたら

ヒャンやハイと同じく、毒について詳しいことがまだわかっていない。とはいえ、毒ヘビであることはわかっているので、万が一かまれたら病院へ行くようにしよう。他の毒ヘビの対処と同様に、急いで行った方がいいかもしれない。

QUIZ クイズ

Q.「ガラスヒバァ」は沖縄の方言でどういう意味？

①ガラスのおばあさん
②カラスヘビ
③透明なうろこ

こたえは次のページ

KEEP OUT KEEP OUT

天敵を作らない猛毒の持ち主

シリケンイモリ

データ

名前	シリケンイモリ	種族	両生類	体長	10〜18cm
生息地	奄美諸島、沖縄諸島				

こたえ ②カラスヘビ

危険度

毒の強さ 

遭遇率 

分布は奄美や沖縄に限られているが、その地域の池や山地の水たまりでは、高確率で遭遇する。昆虫、ミミズ、両生類の卵や子どもを食べる。ペットとして飼育されることもあり、つかまえられることによって数が減っている。

シリケンイモリは沖縄に生息するイモリで、本州～九州に生息する148ページのアカハライモリの仲間にあたる。姿もアカハライモリによく似ているが、シリケンイモリの方が体が大きくて、しっぽが剣のようになっているのが特徴だ。この剣のようなしっぽが名前の由来となり「シリケン」の名がついた。背中は黒かったり、赤いたてじま模様があったり、白っぽい点々模様があったりと1匹ずつちがう。お腹はオレンジ色で黒い模様がぽつぽつとある。このあざやかな色は毒を持っていることのアピールで「警戒色」という。アカハライモリと同じく、フグと同じ「テトロドトキシン」というかなり強い毒を持っていて、それで自分の身を守っているのだ。

対処法

もしもさわったら

ちょっとさわったぐらいでは特に害はない。ただし、ずっとさわり続けているとヒリヒリした感覚を覚えたり、その手で目や口にふれると激しい痛みを感じたりすることになる。さわった場合はよく手を洗う。さわったままの手で目や口などの粘膜をいじるのは危険だ！

QUIZ クイズ

Q.シリケンイモリの沖縄で呼ばれる別名は？

①ソージムヤー

②シークワーサー

③ナンクルナイサー

こたえは次のページ

KEEP OUT

ハブやマムシを超える最恐の毒ヘビ

ウミヘビ

毒の強さはハブの10倍以上！

居住地
公園・都市緑地
山
水中
沖縄

データ

名前 なまえ	ウミヘビ	種族 しゅぞく	爬虫類	体長 たいちょう	60〜180cm
生息地 せいそくち	沖縄沿岸など				

こたえ ①ソージムヤー

危険度

毒の強さ ☠☠☠☠☠

遭遇率 ☠☠☠☠

ウミヘビと一言で言っても、その種類は様々だ。陸に上がることもあり、海岸のテトラポッドの間にひそんでいることもあるぞ。基本的に沖縄など、南の方の海に生息しているが、千葉県沖で発見された例もある。

ダイビングなどで出会うウミヘビ類は、基本的に性格が温厚でかみついてくることはほとんどない。しかし、絶対に油断してはならない。ウミヘビはコブラの仲間でもあり、その毒性はきわめて強いのだ。種類によっては攻撃的なものがいたり、強い好奇心で寄ってくるものがいたりするが、どんなやつでも絶対にちょっかいを出してはいけない。早ければかまれて数十分後から「体をうまく動かせない」、「うまくしゃべれない」などの症状が出はじめ、最悪の場合は死に至る。その昔、ある小学生が友達に度胸試しでウミヘビの口を開けさせたところ、指をかまれ、死亡したこともある。誰になんと言われようと、ウミヘビでいたずらをしては、決してならないぞ！

対処法

もしもかまれたら

万が一かまれたら、すぐに周りにいる誰かに助けを求めよう。とにかく早く病院へ行ける手段をとり、一刻も早く病院へ行くようにしよう。ウミヘビの毒は強力だ。何度も言うが、むやみに近づいたり、かまれるようなことは絶対にしてはいけない。

QUIZ クイズ

Q.ウミヘビは沖縄の方言でなんという？

①オラブー　②カラブー

③イラブー

こたえは次のページ

さくいん

ア

イ

ウ

オ

カ

キ

ク

こたえ ③イラブー

参考文献

『子どもにも教えたい　ハチ・ヘビ危険回避マニュアル』（ごきげんビジネス出版）

『自然界の危険600種有害生物図鑑　危険・有毒生物』（学研）

『危険生物ファーストエイドハンドブック　海編』（文一総合出版）

『危険生物ファーストエイドハンドブック　陸編』（文一総合出版）

『野外読本』（山と渓谷社）

『危険生物最恐図鑑』（永岡書店）

『気をつけて！　危険な外来生物』（東京都環境局自然環境部）
http://gairaisyu.tokyo/species/danger_15.html

『侵入生物データベース』（国立環境研究所）
http://www.nies.go.jp/biodiversity/invasive/

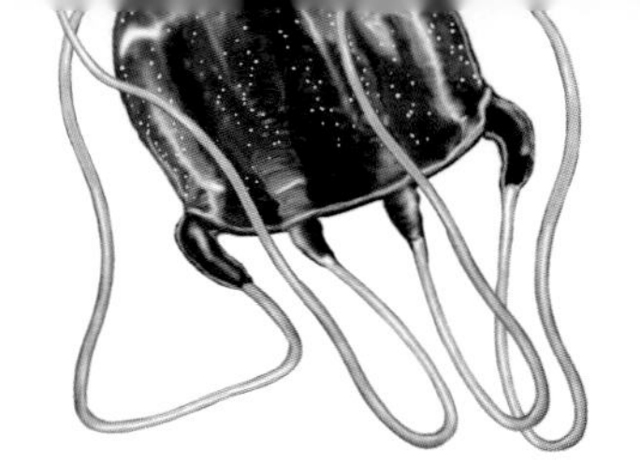

監修者

西海太介　にしうみ だいすけ

高尾ビジターセンターや横須賀２公園での自然解説員経験を経て、
2015年「セルズ環境教育デザイン研究所」を創業。
危険生物のリスクマネジメントを専門とし、近年はマダニ対策の研究
を行うほか、マムシ抗毒素（血清）の生成事業にも関わっている。
その他「生物学研究教室」の開講、メディア出演や執筆・監修などにも
幅広く携わり、「危険生物対策」と「生物学」の普及に取り組んでいる。
著書に、『身近にあふれる危険な生き物が３時間でわかる本』（明日香
出版社）、『危ない動植物ハンドブック』（自由国民社）などがある。
セルズ環境教育デザイン研究所　https://cells.jp.net

Staff

執筆　五十嵐淳、山中ゆかり、浅水美保、高橋美穂、向山裕幸、宅間良知
イラスト　徳光康之
デザイン　杉本龍一郎（開発社）、水木良太（あついデザイン研究所）
校正　西村政則
編集　藤本晃一（開発社）
編集部　服部梨絵子
協力　白濱真友

すごく危険な毒せいぶつ図鑑

発行日　2017年12月20日　初版第1刷発行
　　　　2024年２月10日　　第5刷発行

監修者　西海太介
発行者　竹間 勉
　　　　株式会社世界文化ブックス
発行・発売　株式会社世界文化社
住所　〒102-8195
　　　東京都千代田区九段北4-2-29
　　　電話番号　03-3262-5118（編集部）
　　　　　　　　03-3262-5115（販売部）
印刷・製本　TOPPAN株式会社

ISBN978-4-418-17261-0